GRÜN UND DUMM

DIE NATUR LÄSST SICH NICHT ZUM NARREN HALTEN

Somerset West - South Africa

written 2012 / reprinted 2019

HANS@THINK-AGAIN.ORG

Vorwort

Dieser Text wurde 2012 verfasst. In der Zwischenzeit hat sich vieles verändert: Strom und Benzin sind teurer geworden, es gibt mehr Windmühlen und ein psychologisch auffälliger Teenager hat die Führung des Kampfes gegen Klimawandel in ihre Hand genommen. Erstaunlich viel ist aber gleich geblieben, sodass die wesentlichen Aussagen des Buches anno 2019 ebenso relevant sind wie vor sieben Jahren.

Mit den meisten Initiativen zum Schutze der Umwelt haben wir gelernt zu leben, sie sind zum Bestandteil des Alltags geworden. Seit einem halben Jahrhundert schwappen sie wie Wellen über uns und hinterlassen als Strandgut nützliche und gut gemeinte Neuerungen wie Dosenpfand, Katalysator, Mülltrennung oder FCKW-freie Feuerlöscher. Was aber seit Beginn des neuen Jahrtausends als Programm gegen globale Erwärmung über uns rollt, ist keine gemäßigte Welle, sondern ein Tsunami, der tief in unser Leben eingreifen und womöglich wenig Nutzen, dafür aber erheblichen Schaden anrichten wird.

Wozu das Ganze?

Diese Frage schon kann einen auf den Scheiterhaufen bringen, denn die Sorge ums Klima hat sich zur neuen Staatsreligion entwickelt. Sie füllt das Vakuum, welches ein schwindendes Christentum hinterlassen und ein gedeihender Islam noch nicht gefüllt haben.

Wie die meisten religiösen Bewegungen davor, so mag auch diese in guter Absicht entstanden sein; aber wie alle anderen missbraucht auch sie die Manipulierbarkeit der Gläubigen zum Wohle ihrer Würdenträger und verteidigt deren Privilegien, indem sie Acht und Bann gegen Ketzer verhängt.

Denn die neuen Hohepriester profitieren ganz massiv von Furcht und Unwissenheit in der Bevölkerung. Ein grünes Netzwerk aus Politik, Industrie und NGOs lebt sehr gut von der allgemeinen Sorge um das Klima und von dem großzügigen Cashflow aus Steuergeldern, der dieser Sorge entspringt. Man lebt sehr gut vom Geschäft mit Windmühlen und Solardächern, von internationalen Megakongressen in Cancun, Kyoto oder Durban, wo Gleichgesinnte sich gegenseitig lobend erwähnen, Medaillen umhängen, alternative Nobelpreise verleihen und dabei gleichzeitig gründlich die eigenen Taschen füllen.

Wenn Religionen die Macht ergreifen, dann wird es gefährlich, dann ist Aufklärung gefragt. Was Not tut, ist, mit den Worten des Philosophen Immanuel Kant, *„der Ausgang des Menschen aus seiner selbstverschuldeten Unmündigkeit, d. h. aus dem Unvermögen, sich seines Verstandes ohne Leitung eines anderen zu bedienen. Sapere aude – traue dich zu denken!"*

Dies ist ein Aufklärungsbuch zum Thema Global Warming. Ich möchte Sie zu nichts überreden, sondern in die Lage versetzen, durch logisches Verständnis die Sinnhaftigkeit der Maßnahmen zum Klimaschutz zu hinterfragen, damit Ihre politische Haltung dazu auf intelligenter Erkenntnis wurzeln möge und nicht auf der Zugehörigkeit zu einer weltanschaulichen Gruppe.

Sie werden selbst nachvollziehen können, was an Kohlendioxid so gefährlich ist, ob Elektroautos Schaden anrichten oder nützlich sind, wie viele Windmühlen man braucht, um ein Kernkraftwerk zu ersetzen und warum der grüne Musterknabe Deutschland den höchsten Carbon Footprint Europas hat. Sie werden aus eigener Erkenntnis beurteilen, wie wirkungsvoll die aktuelle Klimapolitik ist und wohin sie in den kommenden Jahrzehnten führen wird. Sie werden beurteilen, wie es um Mutter Erde steht und ob sie bei den Doktores, die sich um ihr Krankenbett drängen, in guten Händen ist.

Um Sie dazu in die Lage zu versetzen, brauchen wir ein bisschen Wissenschaft und viel gesunden Menschenverstand. Beide sollen hier zu Wort kommen. Wenn Sie mit diesem Buch fertig sind, dann werden Sie möglicherweise immer noch grün sein, aber sicherlich nicht mehr „grün und dumm".

Autor

Dr. Hans Hofmann-Reinecke

Studium der Physik an der TU München

Wissenschaftliche Arbeit und Promotion am Physikdepartment der TU München

Wissenschaftliche Arbeit in Phonetik und sprachlicher Kommunikation an der LMU München

Professur an der Universidad Catolica in Santiago de Chile

Nuclear Safeguards Inspector bei der Internationalen Atombehörde (IAEA) in Wien

Leiter eines medizintechnischen Unternehmens mit 100 Mitarbeitern in München

Seit 20 Jahren Berater für das Management industrieller Forschungs- und Entwicklungsprojekte

Wohnort: Somerset West, Südafrika

Kontakt: HANS@THINK-AGAIN.ORG

GRÜN UND DUMM

Einleitung

Vielen Dank, dass Sie dieses Buch gekauft haben! Sie haben ein Recht darauf, dass ich Ihnen erst einmal den Titel erläutere. Ich bin nicht der Meinung, dass Menschen, die sich für den Schutz der Umwelt interessieren oder das vorgeben, allesamt dumm wären. Renate Künast oder Al Gore sind sicherlich intelligent. Ich glaube aber, dass die öffentliche Diskussion und die Politik zu dem Thema nicht von Intelligenz, Sachverstand oder Logik geprägt sind, sondern eher von Populismus, Opportunismus, Aberglauben, Dogmen, Demagogie und eben Dummheit.

Das ist möglicherweise eine Katastrophe. Es könnte nämlich sein, dass die düsteren Prognosen mancher Experten tatsächlich zutreffen; dass also in ein oder zwei Generationen Inseln und Küstenstädte überschwemmt werden, tropische Krankheiten grassieren, Wirbelstürme toben, wo bislang gemäßigtes Klima herrschte; dass also ganz wesentliche Lebensräume für die Menschheit verloren gehen. Dann sind doch die beschlossenen Maßnahmen zum Klimaschutz ein Witz; oder besser gesagt, eine unglaubliche Verantwortungslosigkeit der Politik.

Falls menschengemachtes CO2 tatsächlich den klimatischen Holocaust herbeiführen wird, wie kann man da noch Autos mit 300 PS bauen, warm duschen oder Energie für Leuchtreklame verpulvern?

Stellen Sie sich vor, Sie wären in der Gondel einer Bergbahn, zusammen mit einem Dutzend anderer Skifahrer. Während der Fahrt knackt und quietscht es in der Aufhängung, die Gondel bleibt stehen und sackt schlagartig mehrere Meter durch. Einige Passagiere fangen an zu diskutieren, ob die Gondel vielleicht überladen sei und deswegen abstürzen könnte. Es werden Stimmen laut, man solle alle unnötigen schweren Gegenstände aus dem Fenster werfen, um die Gondel leichter zu machen und so einem möglichen Unglück vorzubeugen.

Ein Passagier reicht eine leere Flasche zu jemandem in Fensternähe, ein anderer wirft tatsächlich seine Skier ab („Wollte mir nächste Saison sowieso neue kaufen.") und wieder jemand trennt sich von seinem Rucksack. Aber nicht einmal die Kassandras unter den Fahrgästen trennen sich von allem, was Gewicht hat. Sie sagen, dass das keinen Unterschied machen würde, solange der Rest der Passagiere keinen Beitrag leiste.

Ist das nicht Wahnsinn? Wenn man bedenkt, was wir sonst so den lieben langen Tag tun, um am Leben zu bleiben, und jetzt sind wir nicht einmal bereit, unsere Skiausrüstung zu opfern. In einer Minute könnten wir alle mausetot unten in der Schlucht liegen. Eigentlich sollte man doch erwarten, dass schlagartig alle in Unterwäsche dastehen, wenn das die Überlebenschancen nur ein kleines bisschen erhöht, oder? Aber was da gerade abgeworfen wurde, ist nichts im Vergleich zum Gewicht der Gondel, es macht keinen Unterschied.

Was würden *Sie* in der Situation tun? Vielleicht sagen oder denken Sie ja, dass Sie als Laie in Sachen Bergbahnen keine Ahnung haben, wie real die Bedrohung sei. Sie versuchen die Glaubwürdigkeit der Wortführer in der Gondel einzuschätzen und trennen sich dann vielleicht von Ihren Skistiefeln. Aber eigentlich mehr, um Ihr Gewissen zu beruhigen, als aus der Überzeugung, dass das Ihre Überlebenschancen steigern würde. Falls dann doch alles gut geht, werden Sie am Ende des Tages zwar nasse Füße bekommen, aber das ist ein akzeptabler Schaden.

Vielleicht haben Sie ja auch eine eigene Meinung darüber, was mit der Gondel los ist. Sie ist nämlich schon einmal hängen geblieben, um nach ein paar Minuten wieder anzufahren und ihr Ziel zu erreichen. Sie hatten damals in der Bergstation genüsslich einen Kaffee getrunken und sind dann mit den Skiern abgefahren. Wozu also die Panik? Nun, damals hatte die Gondel nur gestoppt, aber sie war nicht abgesackt, so wie jetzt. Vielleicht sind die Situationen nicht ganz vergleichbar. Neben der Vorstellung des leckeren Cappuccino muss jetzt noch das Szenario in Betracht gezogen werden, dass man jeden Moment als ein hässlicher Haufen von Blut und Knochen ein paar hundert Meter tiefer liegen könnte. Aber das ist eben schwer vorstellbar, das haben wir noch nie erlebt.

Was tun in einer Situation, die von manchen als lebensbedrohlich dargestellt wird, in der uns aber die Fachkenntnis fehlt, um eine eigene Meinung zu haben? Wo vielleicht niemand eine sichere Prognose abgeben kann, wo aber ganz offensichtlich Wortführer aus Politik und Wirtschaft die Beeinflussbarkeit der Gesellschaft nutzen, um eigene Ziele zu verfolgen, die nichts mit dem Überleben der Menschheit, nichts mit der Rettung des Planeten zu tun haben?

Genau darum geht es in diesem Buch.

TEIL 1

WER DEM MEER VERTRAUT, DER KENNT ES NICHT

Wer Politikern vertraut, ist selber schuld. In diesem Teil des Buches möchte ich Sie überzeugen, dass Regierungen selten Vertrauen verdienen und schon niemals blindes Vertrauen. Das gilt nicht zuletzt für die Belange der Klimapolitik.

1 Macht, Kompetenz und Verantwortung

1.1 Afrika ist überall

1994, nachdem man die Apartheid in Südafrika abgeschafft hatte, wurde Nelson Mandela erster demokratisch gewählter Präsident des Landes. Während er in aller Welt als Heiliger gefeiert wurde, galt und gilt er im eigenen Land als Gott. Götter haben eine Schwäche: Weil sie unsterblich sind, denken sie nicht daran, einen Nachfolger aufzubauen. So trat denn schließlich ein Mann in seine Fußstapfen, dem die Schuhe seines Vorgängers um einige Nummern zu groß waren: Thabo Mbeki.

Er bewies keine sehr glückliche Hand bei der Wahl seiner Minister, insbesondere bei Frau Dr. Manto Tshabalala-Msimang für das Ressort Gesundheit. Sie mag zwar eine verdiente Kämpferin aus den Zeiten des Aufstandes gegen die Apartheid gewesen sein, aber ihren Doktortitel hatte sie wohl weniger verdient als Annette Schavan. Jedenfalls war sie der Meinung, dass die Infektion mit dem HI-Virus und das Immunschwäche-Syndrom AIDS nichts miteinander zu tun hätten. Sie riet Betroffenen zu einer Kur aus Roten Beeten, Knoblauch und Zitronen und untersagte die Verteilung von antiretroviralen (ARV) Medikamenten in Südafrika.

In Anbetracht der Tatsache, dass Südafrika bei einer geschätzten Infektionsrate von 13 % weltweit das Land mit der höchsten Zahl an HIV-positiven Bürgern ist, bleibt solch eine Politik nicht ohne Konsequenzen. Man hat hochgerechnet, dass durch Vorenthaltung der ARV-Drogen einige hunderttausend HIV-positive Südafrikaner unnötigerweise sterben mussten.

Auch nach ihrem Ausscheiden als Gesundheitsministerin hat sich die Informationslage zu dem Thema im Lande nicht unbedingt verbessert. Der Nachfolger von Thabo Mbeki, der aktuelle Präsident Jacob Zuma, der sich vor Gericht gegen den Vorwurf der Vergewaltigung einer HIV-positiven Frau verteidigen musste, antwortete auf die Frage, ob er sich in irgendeiner Form vor Ansteckung geschützt hätte: „Ich habe mich nachher geduscht."

Bedenken Sie, lieber Leser, Südafrika ist immerhin das Land in dem Christiaan Barnard 1967 die erste Herztransplantation in der Geschichte der Medizin durchgeführt hat. Man sollte also erwarten, dass dort besser qualifizierte Persönlichkeiten für die Position des Gesundheitsministers zu finden gewesen wären als gerade Frau Dr. Manto. Aber politische Posten werden eben für frühere Verdienste im Sinne der regierenden Partei und deren Machthaber vergeben und nicht aufgrund der Qualifikation für das jeweilige Ressort.

Das ist übrigens nicht nur in Afrika so. 2007 kandidierte Frau Ségolène Royal für das Amt des französischen Staatspräsidenten. Sie hatte ihrer Wählerschaft für den Fall eines Wahlsieges die Verringerung des Anteils der Kernenergie an der Stromerzeugung auf die Hälfte versprochen. Auf die Frage eines Journalisten, welchen Prozentsatz der Atomstrom denn aktuell ausmachen würde, sagte sie 17 %. Die richtige Antwort wäre 78 % gewesen. Vielleicht hat auch das bei den Franzosen gewisse Zweifel an der Ernsthaftigkeit von Ségolènes Wahlversprechen insgesamt aufkommen lassen. Auf jeden Fall entschieden sie sich damals für den Kandidaten der anderen Partei, für Nicolas Sarkozy.

Es ist nicht auszuschließen, dass in der Mehrzahl der Länder dieser Erde Minister und Präsidenten nominiert werden, die nicht besser qualifiziert sind als die erwähnten Kandidat(inn)en; das könnte verheerende Folgen haben, ebenso wie es in Südafrika der Fall war. Die Erde selbst ist nämlich möglicherweise eine Patientin, die von einer schleichenden Krankheit befallen ist: der stetigen Erwärmung ihrer Atmosphäre.

Wenn da die zuständigen Entscheidungsträger nicht mehr Kompetenz aufweisen, als Frau Dr. Manto oder Frau Royal, dann stehen die Chancen schlecht für Mutter Erde, oder jedenfalls für deren Bewohner.

1.2 Die strategische Sicht

Entscheidungsträger, welche die sachlichen Zusammenhänge nicht verstehen, verteidigen sich häufig damit, dass es ihre Verantwortung sei, die strategische Sicht im Auge zu haben, das große Bild. Das Verständnis der fachlich-technischen Details, so wie im Beispiel vorher des

Zusammenhangs von HIV und AIDS, das überlassen sie den Experten in ihrem Ressort oder externen Beratern.

Das ist eine riskante Einstellung. Der Entscheidungsträger wird so extrem manipulierbar. Mitarbeiter oder Berater können versuchen, ihn dahin zu manövrieren, wo es für sie selbst am günstigsten ist. Statt sich auf den eigenen Sachverstand verlassen zu können, muss sich der Entscheider nun auf seine Menschenkenntnis stützen. Wenn also Berater A die Variante A vorschlägt und Berater B die Variante B, dann wird der Entscheider analysieren, zu wem er mehr Vertrauen hat, da er ja selbst die beiden Varianten nicht qualifiziert bewerten und vergleichen kann. Er bewertet die Personen, nicht die Sachlage.

Nehmen wir an, ein Politiker hätte zu entscheiden, ob eine bestimmte Landfläche für die Errichtung von Windgeneratoren freigegeben werden soll. Berater, Mitarbeiter, Lobbyisten und Bürgerinitiativen laufen Sturm in seinem Büro. Die Meinungsvielfalt ist verwirrend. Nachdem ihm aber das technische Wissen fehlt, um Pro und Kontra der verschiedenen Optionen qualifiziert zu analysieren, übernimmt das „Bauchgefühl" des Entscheiders das Kommando. Sein Bauch sagt ihm, dass durch das Projekt eine schöne Landschaft, in der er selbst schon gerne mal mit seinem Hund spazieren gegangen ist, ihren Charme verlieren würde. Aus ideologischer Sicht ist für ihn jede Windmühle mehr eine gute Windmühle, egal welchen Preis sie hat. Aus egoistischer Sicht denkt er an Gewinn oder Verlust von Wählerstimmen, welche durch Verfolgen der einen oder anderen Variante zu erwarten sind.

Letzten Endes entscheidet er, dass eine Genehmigung für die Errichtung von 50 % der beantragten Generatoren erteilt wird. Bauch, Ideologie und Opportunismus sind zu diesem Resultat gekommen. Er verkauft die Entscheidung als einen „ausgewogenen Kompromiss". Hätte er die sachlich-technologischen Aspekte des Problems durchschaut und selbst quantitativ analysieren können, dann wäre vermutlich eine ganz andere Entscheidung gefallen. Aber so ist das eben, wenn man „grün und dumm" ist.

Hier ein dramatisches Fallbeispiel dafür, was passiert, wenn politisches Bauchgefühl über technisch-wissenschaftliche Einsicht siegt.

Ein Mann kam spät nach Hause, und seine Frau fragte ihn, wie es im Büro gewesen sei. „Nichts Besonderes", antwortete der; „außer, dass wir morgen sieben Astronauten umbringen werden."

Er arbeitete als Ingenieur bei der Firma Morton Thiokol, dem Lieferanten der Booster-Raketen für das US-Spaceshuttle. Die Entscheider von NASA und das Topmanagement seiner eigenen Firma hatten sich geeinigt, den Start der Raumfähre Challenger am nächsten Morgen wie geplant durchzuführen. Sie hatten so entschieden, obwohl der Ingenieur vehementen Widerspruch eingelegt hatte.

Er hatte davor gewarnt, dass der in der Nacht zu erwartende Frost ein inakzeptables Risiko für die Mission darstellte. Die Kälte würde dazu führen, dass die Dichtungen, welche die einzelnen Segmente der Rakete nahtlos miteinander verbinden sollen, ihre Elastizität verlieren und letztlich brechen werden. Als Folge davon würden Flammen durch die entstandenen Lecks schlagen und den in unmittelbarer Nähe angebrachten Treibstofftank des Shuttles zum Explodieren bringen.

Der Ingenieur hatte nur allzu recht. Am nächsten Morgen des 18. Januar 1986 explodierte das Shuttle kurz nach dem Start. Alle Astronauten an Bord kamen ums Leben. Die Entscheider hatten die „strategische Sicht", die politischen Zusammenhänge vor Augen gehabt. In diesem großen Bild war der Ingenieur mit seinen Dichtungsringen nur ein kleines Rädchen. Da gab es wichtigere PR-Bedenken: Was sagt die Bevölkerung, wenn wir den Start nochmals verschieben? Wird die Regierung das Budget kürzen, wenn wir niemals pünktlich sind? Die Bevölkerung wartet doch schon seit Wochen darauf, diese sympathische Lehrerin, die Teil der Besatzung war, endlich im All zu sehen! Und Präsident Ronald Reagan hatte schon eine Rede zum Launch vorbereitet.

Angesichts dieser gewichtigen Argumente traten die Dichtungsringe in den Hintergrund, weil die Entscheider deren wirkliche Bedeutung nicht verstanden. Weil sie nicht in den technischen Details steckten, mussten sie sich auf ihr Gespür und ihre Menschenkenntnis hinsichtlich des Ingenieurs verlassen. Ist er vielleicht übervorsichtig? Hat er vielleicht eine „hidden agenda"? Wie bewerten wir seine Aussage gegenüber der Wichtigkeit der Mission insgesamt?

Die Wirklichkeit aber kümmerte sich nicht um all das. Die Dichtungsringe brachen, die Rakete explodierte, und Ronald Reagan musste schließlich eine andere Rede halten, als die, die er vorbereitet hatte.

Das Unglück wurde später im Detail untersucht, nicht nur um den technischen Fehler zu finden, sondern auch die Ursachen für die tragische Fehlentscheidung durch das NASA-Management. Ein Mitglied der Untersuchungskommission, der Physiker und Nobelpreisträger Richard Feynman, fasste das Ergebnis in seinem abschließenden Statement so zusammen:

„Damit eine Technologie Erfolg haben kann, muss die Wirklichkeit Priorität gegenüber Public Relations haben, denn die Natur kann man nicht zum Narren halten.“ (For a successful technology, reality must take precedence over public relations, for Nature cannot be fooled.)

Wäre das nicht ein passendes Motto für das Herangehen an die Themen Klimawandel und erneuerbare Energie?

Offensichtlich lässt sich die Natur nur wenig von den gigantischen PR-Kampagnen, den Milliarden an Ausgaben in Sachen Klimaschutz beeindrucken. Deutschland, das grüne Musterland, hat den höchsten Carbon Footprint (= CO2-Ausstoß pro Person und Jahr) in Europa, und in den 18 Jahren seit 1997, dem Jahr des legendären Klima-Weltgipfels in Kyoto, stieg die CO2-Konzentration in der Luft kontinuierlich an. Bis Dezember 2015 erreichte sie, pünktlich zum Klimagipfel in Paris - unbeeindruckt von der Präsenz der Tausenden von Experten aus Politik und Wissenschaft - die historische Höchstmarke von 400 ppm.

Das ist der Preis, wenn Macht, Integrität und sachliche Kompetenz so weit auseinanderliegen wie heute. Das ist der Preis, wenn der Blick auf die Wirklichkeit durch PR verdrängt wird. Man kann die Menschen täuschen, aber nicht die Natur.

Am 11.3.2011 wurde Japan vom vermutlich stärksten Erdbeben seiner jüngeren Geschichte heimgesucht. Der ausgelöste Tsunami verwüstete die Küste der Insel Honshu und forderte Zehntausende von Menschenleben.

Das Interesse der Medien an dieser Naturkatastrophe und an den vielen Todesopfern und deren Hinterbliebenen verschwand aber in dem Augenblick, als bekannt wurde, dass auch ein Kernkraftwerk betroffen war. Von diesem Moment an richtete sich alle Aufmerksamkeit auf eine mögliche nukleare Katastrophe, deren Ausläufer nach Ansicht grüner Lobbyisten auch Deutschland heimsuchen könnten. Mehr oder weniger sachverständige Personen präsentierten Horrorszenarien und versetzten unser Land in Angst und Schrecken, obwohl das Ganze doch auf der anderen Seite des Globus geschah.

Deutsche Bürger bildeten spontan Menschenketten gegen Kernkraft. Geigerzähler zur Messung von radioaktiver Strahlung waren nach wenigen Tagen ausverkauft. Besorgte Eltern kauften Tabletten, um ihre Kinder gegen Fallout von radioaktivem Jod 131 zu wappnen. Ärzte mussten die Bevölkerung warnen, dass die Tabletten mehr Schaden als Nutzen anrichten würden.

Am 27.3.2011, zwei Wochen nach dem Erdbeben, gab es in Baden-Württemberg Landtagswahlen. Der Reaktorunfall würde zentrales Thema im Wahlkampf sein. Um ein Zeichen zu setzen, hielt die Bundesregierung Krisensitzungen ab - weniger um Japan zu helfen, wo gerade 20.000 Menschen auf fürchterliche Weise „konventionell" ums Leben gekommen waren und wo es galt, die schlimmste Katastrophe seit dem Zweiten Weltkrieg zu meistern, sondern um für Deutschland Konsequenzen aus dem Reaktorunfall zu ziehen.

Am 14.3., drei Tage nach dem Erdbeben, als man selbst in Fukushima noch kein Bild vom Ausmaß des Schadens hatte, geschweige denn von den genauen Ursachen, entschied die Bundesregierung im eigenen Lande, sieben Kernkraftwerke abzuschalten, um deutlich zu machen, dass man alles tat, „um etwas Ähnliches bei uns zu verhindern."

Es ist zwar unwahrscheinlich, dass einer der betroffenen Kraftwerksstandorte jemals von einem Tsunami heimgesucht würde, aber die Wahlkampftaktik erforderte solch beherztes Handeln. Die Bundeskanzlerin, selbst Physikerin, gab sich wohl kaum der Illusion hin, dass diese Maßnahme aus sachlich-technischer Perspektive intelligent war; aber um das Wahlvolk ist grün und dumm.

Also auch im Falle, dass Entscheider es besser wüssten, werden sie sich heute nach Meinung und Wissensstand in der Bevölkerung richten. Demokratie ist zu Populismus entartet.

Das scheint sich in der gut 65-jährigen Geschichte der Bundesrepublik gewandelt zu haben. Ursprünglich gestand der Wähler dem Gewählten noch die Kompetenz und Integrität zu, das Beste für das Land zu wollen und das auch zu können. Natürlich gab es auch damals Fälle von Opportunismus oder Amtsmissbrauch, aber es gab trotz alledem noch mehr Vertrauen in „die da oben“, die meist auch fachlich besser qualifiziert waren. Dieses Grundvertrauen ist verschwunden, und der Bürger nimmt heute Stellung zu ganz konkreten Themen und teilt dies auch mit: „Wenn du nicht tust, was ich will, dann bekommst du bei der nächsten Wahl einen Denkzettel.“

Aus dem Bürger ist ein vermeintlich „mündiger Bürger“ geworden. Die Kehrseite der Medaille ist, dass Politiker immer weniger in der Lage sind, notwendige, aber unpopuläre Maßnahmen durchzusetzen. Sie werden mehr und mehr zum Populismus gezwungen. Wenn man die Entwicklung seit den Zeiten von Adenauer/Strauß, über Brandt, Schmidt, Kohl, Schröder bis zur heutigen Regierung Merkel kritisch betrachtet, dann wird man - ganz abgesehen von parteipolitischen Präferenzen - kaum einen Aufwärtstrend in der Qualität der politischen Arbeit feststellen können.

Populismus ist problematisch, denn die Meinungen und Lösungsvorschläge der Massen sind selten die richtigen. Vielleicht sagen Sie, dass in der heutigen Informationsgesellschaft der mündige Bürger Zugang zu allen Fakten hat und sich nicht so leicht hinters Licht führen lässt.

Wirklich? Verführen uns die modernen Medien nicht gerade dazu, noch stärker nur das wahrzunehmen, was zu unserer Weltanschauung passt? Das Internet, wo wir uns die Blogs nach unseren politischen Vorlieben aussuchen, wo wir niemals eine Idee konfrontieren müssen, die uns nicht gefällt, ermöglicht es uns, in die Weiten und Tiefen der abstrusesten Theorien abzudriften und dabei zu glauben, wir wären fürchterlich informiert, kompetent und kritisch. Wir leben weniger in einer Informationsgesellschaft als in einer Meinungsgesellschaft.

Jemand, der beispielsweise glaubt, dass Klima- und Energieprobleme durch Elektroautos im Handumdrehen zu lösen wären, dass aber Erdölkonzerne die praktische Umsetzung vereiteln, kann einen Blog starten und in einer Woche eine hunderttausend-köpfige internationale Glaubensgemeinde um sich scharen. Seine Idee, anfangs vielleicht sogar überlegenswert, entwickelt sich in gruppendynamischer Rückkopplung letztlich zu einer Verschwörungstheorie, in der bizarre, psychologisch fragwürdige Metawelten ernst genommen werden. Und auch solche Bürger dürfen wählen.

Und wer sein Wissen aus den Massenmedien zusammengesetzt hat, der hat ohnehin eine stramm regierungskonforme Meinung, und er wird jedem erklären können, was an Atomenergie so gefährlich ist, obwohl er nicht einmal weiß, wie ein Lichtschalter funktioniert.

TEIL 2

„GESUNDER MENSCHENVERSTAND IST ANGEBORENE IGNORANZ“

Was Immanuel Kant hier klar und uncharmant ausgedrückt hat, möchte ich relativieren: Zum täglichen Überleben ist der gesunde Menschenverstand eine gute Sache; sobald wir ihn aber auf komplizierte Probleme loslassen, dann geht's schief. Das Klima und sein Wandel sind komplizierte Dinge, sie entziehen sich ebenso dem gesunden Menschenverstand wie Raketentechnik oder Molekularbiologie – ihnen müssen wir uns mit Mathe und Physik nähern. Falls Sie damit Berührungsängste haben, überspringen Sie die kommenden 30 Seiten und gehen direkt zum Teil 3, wo wir uns Sorgen ums Klima machen.

Ich muss Sie aber warnen: Das ist dann so, als wollten Sie einerseits die Ursprünge der Pyramiden verstehen, sich andererseits aber nicht mit ägyptischer Geschichte befassen ...

2 Mathe und Physik - Wozu?

2.1 Ein Leben ohne das Kirchhoff'sche Gesetz

Die Statistik spricht dafür, dass Sie, lieber Leser, liebe Leserin, sich nie besonders für Physik interessiert, die Schule trotzdem geschafft haben und im Leben bisher recht erfolgreich waren, ohne wissen zu müssen, was das Kirchhoff'sche Gesetz ist oder der zweite Hauptsatz der Thermodynamik. Wenn wir uns mit grüner Thematik beschäftigen, kommen wir aber nicht umhin, neben Politik, Soziologie und Psychologie auch die Naturwissenschaften, genauer gesagt die Physik, zu bemühen. Aber keine Sorge, es wird nicht kompliziert.

Falls Sie übrigens zufälligerweise Jurist sind, wird es Sie vielleicht wundern, dass Physik etwas mit Ihrem Fachgebiet, der Rechtsprechung, gemeinsam hat: In beiden Fällen gelten die Gesetze, egal ob wir sie kennen oder nicht, egal ob wir sie verstehen oder nicht, egal ob wir ihnen zustimmen oder nicht. Wenn Sie etwa dem Zollbeamten am Flughafen erklären, dass Sie keine Ahnung hatten, dass es ein Verstoß gegen das Gesetz ist, wenn Sie für Ihre beste Freundin eine Kroko-Handtasche aus Thailand mitbringen, so würden Sie vermutlich aufgeklärt, dass Unwissen nicht vor Strafe schützt.

Die Physik kann Sie nicht bestrafen, aber ihre Gesetze gelten, ob wir sie kennen oder nicht, ob wir es verdient haben oder nicht. Wenn das Gewicht der Bergbahn größer ist als die Haltekraft des Tragseils, dann geht's eben in den Abgrund, egal wie bescheiden, nobel oder wichtig die Menschen an Bord der Gondel auch gewesen sind, und wie viel oder wenig sie von Physik verstanden haben.

Die Regeln in der Physik haben allerdings - im Gegensatz zur Rechtsprechung - keine Ausnahmen. Insofern stimmt das alte Sprichwort „keine Regel ohne Ausnahme" also doch: Nachdem das Sprichwort ja selbst eine Regel darstellt, muss es also selbst eine Ausnahme haben. Diese Ausnahme ist die Physik. Alle Planeten bewegen sich seit Jahrmillionen nach den gleichen Gesetzen, alle Elektronen in allen Atomen im Weltall gehorchen in jedem Moment denselben Regeln. Nicht eines tanzt aus der Reihe, keines macht eine Ausnahme. Alles andere hätte nicht zu einem stabilen Universum geführt.

Vielleicht entgegnen Sie jetzt, dass die Wissenschaft nach den Entdeckungen Einsteins und anderer Geistesgrößen des 20. Jahrhunderts jedes Mal hätte neu geschrieben werden müssen, dass dank Relativitätstheorie und Quantenmechanik die klassische Physik auf dem Müllhaufen gelandet sei und dass genauso gut morgen jemand mit einer neuen Theorie kommen könnte, die wieder alles auf dem Kopf stellt.

Dies ist ein verbreiteter Irrtum. Die Gesetze der „alten" (in erster Linie von Sir Isaac Newton entwickelten und 1687 im Werk „Die mathematischen Prinzipien der Naturphilosophie" veröffentlichten) Physik beschrieben damals und beschreiben auch heute noch die Welt sehr zutreffend. Die von Newton aufgestellten Gesetze zur Schwerkraft und zur Bewegung von Körpern erlaubten es, den Lauf der Planeten zu erklären und vorauszuberechnen. Das war im 17. Jahrhundert. Die Planeten haben aber ihren Lauf nicht an dem Tag geändert, an dem die Relativitätstheorie oder Quantenmechanik erfunden worden sind. Man hat nur erkannt, dass die Newton'sche Physik ihre Gültigkeit verliert, wenn man in Bereiche vorstößt, die bislang unzugänglich waren; etwa wenn extrem hohe Geschwindigkeiten eine Rolle spielen, oder wenn wir extrem kleine Objekte, wie Atome, betrachten. In diesem Buch halten wir uns aber von beidem fern.

Fazit: Bei unseren sachlichen Betrachtungen von Erderwärmung und alternativen Energien gibt es keinen Grund, etwas anderes zu Rate zu ziehen als die gute alte Physik.

2.2 Die Milchkuh und die Physik

Die Physik ist mit ihrem Latein erst am Ende, wenn es sich um lebende Dinge handelt. Sie kann weder vorausberechnen, auf welchem Zweig eine Libelle in den nächsten Sekunden landen noch zu welchem Kurs der Homo sapiens in einem Monat die Aktien von Siemens handeln wird. Libellen oder Menschen oder sonstige Lebewesen sind jedoch in ihren materiellen Aspekten zu 100 % den Regeln der Physik unterworfen. Wenn also die Gondel einer Seilbahn abstürzt, dann stürzen die Menschen darin nach den gleichen Gesetzen der Schwerkraft in ihr Verderben wie ein Stück Fels oder ein Regentropfen. Wenn ein Foto einen asiatischen Guru zeigt, der im Lotussitz durch die Luft schwebt, dann hat der nicht die Schwerkraft überwunden, sondern er kennt jemanden, der sich gut mit Adobes Photoshop auskennt und der das Schwebebild kreiert hat.

Oder lassen Sie mich ein anderes, ein grünes Beispiel geben: Stellen Sie sich vor, man hätte Kühe gezüchtet, die statt Milch Petroleum gäben. Es wäre dann voreilig zu sagen, dass damit all unsere Energieprobleme gelöst wären. Denn, gemäß dem physikalischen Prinzip der Energieerhaltung braucht die Kuh selbst Energie, um das energiehaltige Petroleum zu erzeugen. Wie nimmt sie diese Energie auf? Mit dem Futter und mit der Atmung. Wie ist die Energie ins Futter gekommen? Durch chemische Prozesse in der Pflanze, die durch Sonnenlicht mit Energie versorgt wurde.

Die Energie, die man aus dem Petroleum einer Kuh gewinnt, kann also nicht größer sein, als die Sonnenenergie, die im entsprechenden Zeitraum auf die Wiese gefallen ist, auf der sich die Kuh mit Futter versorgt hat. Tatsächlich wird nur ein Bruchteil dieser Sonnenenergie im Petroleum landen, weil viel Energie für andere Prozesse verloren ging, etwa für das Muhen der Kuh oder für das Herumlaufen auf der Weide.

Diese Behauptung, dass die Kuh nicht mehr Energie abgeben kann, als in sie hineingesteckt wurde, kann ich machen, ohne etwas von Kühen zu verstehen, ohne zu wissen, was in deren Mägen und Eutern passiert, eben weil die gute Kuh in materieller Hinsicht den physikalischen Gesetzen unterworfen ist. Und eines der elementarsten Gesetze der Physik ist der Satz von der Erhaltung der Energie.

Ebenso kann ich behaupten, dass das Foto von dem schwebenden Guru gefälscht ist, ohne ihn persönlich mit all seinen spirituellen und sonstigen Qualitäten kennen zu müssen. Es genügt zu wissen, dass er aus rund 40 Kilogramm Protonen, 35 Kilogramm Neutronen und ein paar

Gramm Elektronen besteht. Und damit unterliegt er der Schwerkraft - unabhängig davon, was er sonst so denkt oder sagt.

2.3 Theorie und Praxis

Eine häufige Kritik an der wissenschaftlichen Methode lässt sich etwa so formulieren: „Die Theorie ist *eine* Sache und die Praxis eine andere. Da gibt es auf der einen Seite die Wissenschaft mit ihren Formeln, so wie sie in den Büchern der Universitätsbibliotheken steht, und parallel dazu eine Wirklichkeit, die sich nicht unbedingt an diese Wissenschaft hält. Da lernt man in der Schule etwa, dass alle Gegenstände gleich schnell herunterfallen, es gibt sogar eine mathematische Formel dazu, aber jeder weiß, dass ein Apfel, der vom Baum fällt, schneller am Boden ist als ein Blatt."

Nun wird kein vernünftiger Mensch das mit dem Blatt und dem Apfel bestreiten. Wie kommt es dann zu diesem Missverständnis?

Fakt ist, dass sehr viele Vorgänge sich mit einfachen Gleichungen darstellen lassen, sofern man bestimmte Details weglässt. Man lässt die aber ganz bewusst weg und sagt: Tun wir mal so, als hätten die Luft und die Erddrehung und die Anziehungskraft des Mondes keinen Einfluss auf den fallenden Apfel. Dann rechnet man und vergleicht das Resultat mit der Wirklichkeit. Ist die Übereinstimmung gut, wenn also die Formel halbwegs richtige Ergebnisse liefert, dann hat man ein brauchbares Modell gefunden. Man hat ein vereinfachtes Modell von einem realen Vorgang gemacht, welches es ermöglicht, die Dinge mit wenig Aufwand zu beschreiben.

Dieses Modell mag für den fallenden Apfel gut sein, nicht aber für das Blatt, weil hier die Wechselwirkung mit der Luft eine Rolle spielt. Wenn es den Aufwand wert wäre, könnte man den Vorgang auch inklusive der Lufteinflüsse genau berechnen. Bei einem Blatt wird man sich die Mühe wohl kaum geben, die genauen Luftströmungen und die daraus resultierenden Kräfte zu berechnen; bei einem Flugzeugflügel lohnt sich das schon eher.

In diesem Buch werden viele natürliche Vorgänge, etwa die Einstrahlung der Sonne auf die Erde und die daraus resultierende Übertragung von Energie, berechnet. In all diesen Fällen handelt es sich um Modelle, die zum Teil extrem vereinfacht sind. Ich habe mir aber Mühe gegeben, dabei die wesentlichen Zusammenhänge, die zum Verständnis der Materie notwendig sind, nicht unter den Tisch fallen zu lassen.

2.4 Wissenschaft, Diktatur und Demokratie

Wer sich nicht eingehend mit Naturwissenschaften beschäftigt hat, dem ist der scheinbare Richtigkeitsanspruch der Physik fremdartig. So wird ein Historiker viele Beispiele anführen können, wo die Geschichtsschreibung sich geirrt hat oder wo die jüngste Geschichte von verschiedenen Fachleuten durchaus unterschiedlich dargestellt wird. Geschichte ist eben „die Lüge, auf die man sich geeinigt hat" (Winston Churchill).

Das unterscheidet Geschichte von Physik. In den Naturwissenschaften haben Lügen sehr kurze Beine, sie kommen nicht weit. Nicht einmal die gewaltigsten politischen Kräfte konnten hier die Wahrheit auf Dauer unterdrücken. Weder die Inquisition, welche im 17. Jahrhundert Galileo zwang, seine astronomischen Erkenntnisse zu widerrufen, noch die nationalsozialistischen Machthaber, die eine „Arische Physik" forderten, welche ohne Relativitätstheorie und Quantenmechanik auskommen sollte, die beide maßgeblich von jüdischen Wissenschaftlern mitgestaltet worden waren. Es ist eine Ausgeburt des Größenwahns der jeweiligen Machthaber zu glauben, die Wirklichkeit im Sinne ihrer bizarren Weltvorstellung verbiegen zu können.

Einstein fasste seine Meinung zu dem Thema folgendermaßen zusammen: „Gleichungen sind wichtiger für mich als Politik, denn sie sind für die Ewigkeit." Wie recht er doch hatte.

Es gibt auch manchmal den Einwand, dass in einem demokratischen Umfeld jede Meinung gleichberechtigt sein sollte und dass eine so starre Interpretation der physikalischen Gesetze, mit ihren Dogmen und ihrem Alleinvertretungsanspruch, nicht in unsere Zeit passe.

Physik hat nichts mit Demokratie zu tun. So wenig wie ein Diktator die physikalischen Gesetze beeinflussen kann, so ist auch demokratische Abstimmung nicht das Instrument, um Naturwissenschaften zu betreiben. Wenn die Mehrheit der Bevölkerung den zweiten Hauptsatz der Thermodynamik oder die Kepler'schen Gleichungen für zu kompliziert hält, dann mag das Einfluss auf den Lehrplan an unseren Schulen haben, die Natur aber wird deswegen ihr Verhalten nicht ändern.

3 Halb so schwer

3.1 Kampf dem numerischen Analphabetismus

Es ist gut, wenn wir die gewaltigen Umweltprobleme „mit dem Herzen lösen“ wollen; das Herz gibt uns Engagement und die notwendige Kraft. Aber irgendwann muss der Verstand als Werkzeug zur Verfügung stehen. Mit dem Herzen allein kann ich keine Brücke über einen reißenden Strom bauen. Den Strom kann ich vielleicht mit dem Herzen durchschwimmen, aber das wäre kein zivilisatorischer Fortschritt.

Die breite grüne Diskussion wird ohne sachlich-quantitative Argumente geführt. Da sagt einer, er hätte sich jetzt ein Auto gekauft, das an der roten Ampel automatisch den Motor abstellt. Fragt ihn sein Freund: „und wie viel Benzin sparst Du dabei?“, sagt der andere: „Ist doch egal, jeder Beitrag zählt!“ Das ist eine bequeme Einstellung, ich kann jede Behauptung aufstellen, ohne sie beweisen zu müssen.

Mit dieser Logik kann ich vielleicht einen Vierjährigen erziehen, aber keine globalen Probleme lösen. Und gerade diese Unwilligkeit zu numerischem Denken ermöglicht es, dass man uns durch geschickte PR nach Belieben hinters Licht führen kann. Eine Autofirma kann in ihrer Werbung dieses Feature als extrem umweltfreundlich und nachhaltig herausstellen und gleichzeitig von einer Schwäche ablenken; etwa dass das neue Modell jetzt 100 kg schwerer ist. Welche Neuerung „wiegt schwerer“ in Sachen Umwelt?

Um das beurteilen zu können müssten wir die Zusammenhänge verstehen und berechnen können. Wir brauchen Zahlen, keine blumigen Worte.

3.2 Das Große 1x1

Die Nachrichtensprecherin erklärte, dass das US-Verteidigungsministerium der Firma Boeing soeben einen Auftrag im Umfang von 25 Millionen Dollar erteilt hätte; dabei schaute sie bedeutungsvoll in die Kamera. Wirklich? Ein Auftrag über 25 Millionen Dollar? Oder war es wieder einmal ein Fall von numerischem Analphabetismus?

Man kann sich darüber streiten, ob Nachrichtensprecher das verstehen sollten, was sie erzählen. In diesem Fall war das sicher nicht der Fall. Ein einziges Exemplar eines Kampfflugzeuges kostet über 100 Millionen Dollar. Ist es da wirklich „Breaking News“ wenn das Pentagon beschlossen hat, Boeing einen Auftrag im Wert von 25 Millionen zu vergeben? Es handelte sich in Wirklichkeit natürlich um 25 Milliarden Dollar, also den tausendfachen Wert!

Hätte die Nachrichtensprecherin über die Oscar-Verleihung in Hollywood berichtet und die Garderobe von Scarlett Johansson kommentiert, dann wäre es ihr kaum über die Lippen gekommen, dass deren Kleid von Dolce & Gabbana \$ 25 gekostet hätte, wenn es tatsächlich \$ 25.000 waren. Warum?

Für viele ist die größte Zahl, der sie je ernsthaft begegnen, der Preis eines Eigenheimes. Alles jenseits dieser Zahl kommt in die Kategorie „furchtbar groß“ und bedarf keiner weiteren Differenzierung.

Wenn Sie Zusammenhänge in Sachen Volkswirtschaft verstehen wollen, kommen Sie nicht umhin, sich mit größeren Summen vertraut zu machen, als dem Wert eines Hauses. Und wenn Sie qualifiziert in Sachen Energiepolitik mitreden möchten, dann werden Sie mit Größenordnungen umgehen, die Ihnen zunächst absurd erscheinen – auch wenn nicht immer ein \$- oder €-Zeichen davor steht.

Stellen Sie sich vor, Sie wollten ganz ungefähr abschätzen, wie viel Treibstoff die deutschen Autofahrer in einem Jahr verbrauchen. Sie nehmen an, dass es pro zwei Kopf der Bevölkerung einen Autofahrer gibt, der durchschnittlich 20.000 km im Jahr fährt, und dessen Auto 8 Liter auf 100 km braucht. Dann wären das bei 80 Millionen Deutschen 40 Millionen Autofahrer mal 15.000 Kilometer, dividiert durch 100 Kilometer mal 8 Liter.

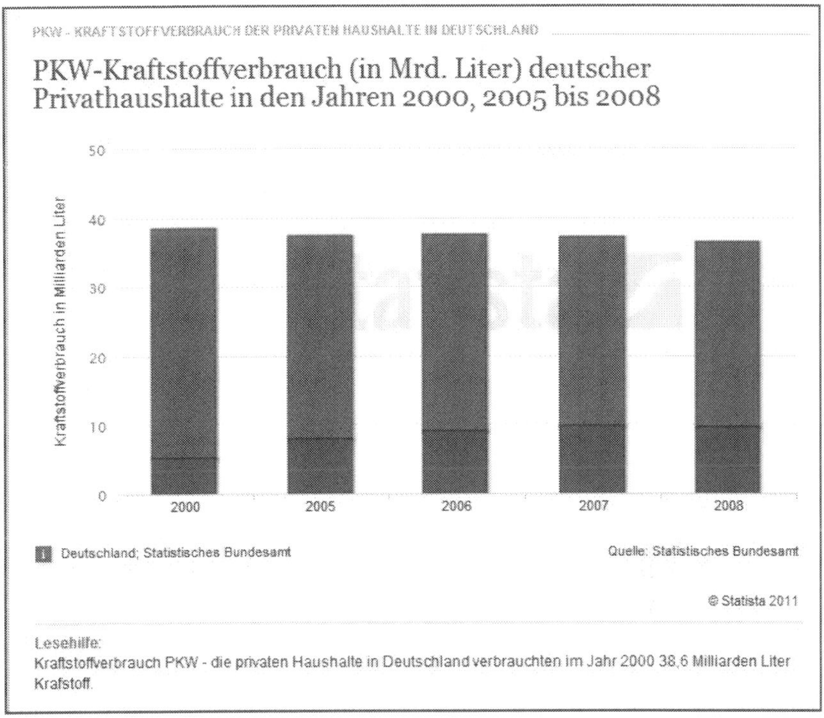

Das wird unübersichtlich mit den vielen Nullen. Unter Ingenieuren und Physikern ist es daher üblich, mit Zehnerpotenzen zu rechnen, d. h. man zählt die Nullen und sagt dann, dass 1000 das gleiche ist wie zehn hoch drei = 10^3, wobei die 3 als „Exponent" bezeichnet wird. Zwei Zahlen werden multipliziert indem man die Exponenten addiert. Dividiert wird durch Subtraktion der Exponenten. Also: 10^3 dividiert durch 10^2 ist $10^{3-2} = 10^1$, mit anderen Worten zehn.

Zurück zur Treibstofffrage: Unsere Abschätzung für den Jahresverbrauch an Sprit ist, in dieser Schreibweise dargestellt, $4 \times 10^7 \times 1{,}5 \times 10^4 / 10^2 \times 8$. Wenn wir nur die Exponenten anschauen und auswerten, dann ergibt sich $7 + 4 - 2 = 9$. Jetzt multiplizieren oder dividieren wir das, was an anderen Zahlen sonst noch so herumsteht, also $4 \times 1{,}5 \times 8 = 48$, und kommen drauf, dass nach unserer Abschätzung Deutschlands Autofahrer 48×10^9 Liter Treibstoff jährlich verbrauchen.

Hier die öffentliche Statistik (der dunkle Teil des Balkens bezieht sich auf Diesel): Sie gibt für das Jahr 2008 den privaten Verbrauch mit 37 Mrd. Liter an. Das wären in unserer Ausdrucksweise 37×10^9 Liter – ganz so falsch war unsere einfache Rechnung mit den aus der Luft gegriffenen Zahlen also gar nicht.

Was ich Ihnen mit diesem Beispiel erläutern wollte, ist Folgendes:

- Sie brauchen keine Angst vor großen Zahlen zu haben; mit Hilfe der Zehnerpotenzen lassen sie sich leicht handhaben.
- Mit ganz wenig Aufwand können Sie die Plausibilität von Daten überprüfen. Hätte in der Graphik des Statistischen Bundesamtes „Millionen ..." statt „Milliarden ..." gestanden, hätten Sie sofort gewusst, dass das nicht sein kann.
- Sie können sich in entscheidenden Fragen ein eigenes Urteil bilden und brauchen nicht blind den Aussagen von irgendwelchen Meinungsbildnern zu folgen. Glauben Sie keiner Statistik, deren Plausibilität Sie nicht nachvollziehen können!
- Ihre gesamte Einstellung in Sachen Umwelt – und möglicherweise in anderen Bereichen ebenso – kann auf die Basis eigener Erkenntnis gestellt werden und braucht nicht aus der Zugehörigkeit zu der einen oder anderen weltanschaulichen Gruppe zu resultieren. Zahlen sind Ihre Freunde, die Ihnen eine neue Welt eröffnen, nicht Ihre Feinde.

Und noch etwas:

Es hat sich eingebürgert, gewissen Zehnerpotenzen Namen zu geben und als Präfix vor Maßangaben zu stellen:

10^3 = kilo = k = tausend = *thousand* = 1.000
z. B. Kilometer (km)

10^6 = mega = M = million = *million* = 1.000.000
z. B. Megatonne (Mt)

10^9 = giga = G = milliarde = *billion* = 1.000.000.000
z. B. Gigawatt (GW)

10^{12} = tera = T = billion = *trillion* = 1.000.000.000.000
z. B. Terawattstunden (TWh)

Neben den Namen in Deutsch habe ich noch die *englischen* angegeben, um Ihnen klar zu machen, wie missverständlich das ist. Benutzen Sie lieber Zehnerpotenzen.

Kleine Aufgabe für den Leser, dauert nur 1 Minute: Wenn in Deutschland der private PKW-Gebrauch eingestellt würde, um wie viel würde sich der „Carbon Footprint", d. h. die jährliche Pro-Kopf-Emission an CO2 reduzieren? (Ein Liter Sprit produziert beim Verbrennen übrigens rund 2 kg CO2.) Das Ergebnis ist ganz überraschend.

4 $E = mc^2$

Diese Formel sehen Sie nicht zum ersten Mal. Einsteins berühmte Gleichung, welche die Äquivalenz von Energie und Masse ausdrückt, wird später noch von Bedeutung sein. An dieser Stelle im Buch soll sie nur andeuten, dass wir uns der Welt der Physik nähern.

Man hatte dieser Formel übrigens in Berlin während der Fußball-WM 2006 ein Denkmal gesetzt. Vermutlich sollte es daran erinnern, dass es in Deutschland einmal eine Epoche gab, in der Wissenschaft wichtiger war als Quoten, Sex und PR, als man sich noch ernsthaft dafür interessierte, was die Welt im Innersten zusammenhält, als Doktortitel noch redlich und aus akademischem Interesse erworben wurden.

4.1 Währungen der Energie - gar nicht so einfach

Energie wird gebraucht, wenn auf der Welt etwas verändert werden soll. Man könnte sagen, dass Energie für die Technik eine ähnliche Rolle spielt, wie Geld für die Wirtschaft. Energie wird gebraucht, um ein Fahrzeug zu bewegen, um Licht zu machen, um Essen zu kochen und um zu telefonieren.

Noch etwas haben Geld und Energie gemeinsam: Beide kommen in verschiedenen Formen vor. Und wie die Währungen unterschiedliche Bezeichnungen haben - es gibt Yen, Yuan, Dollar, Euro -, so finden wir die auch bei verschiedenen Energieformen: Es gibt Joule, Kilowattstunden, und Kalorien.

Ein gängiges Maß für Energie ist, wie wir noch ausführlicher diskutieren werden, die Kilowattstunde, abgekürzt auch kWh. Diese Energie kann man z. B. einem Stromanbieter abkaufen. Ein Stück kWh kostet, sagen wir mal, 15 Cent. Das ist so wie wenn man beim Bauern ein Ei für 15 Cent kauft.

Energie pro Zeit ist so etwas wie „Energy Flow“ und wird im Deutschen als „Leistung“ bezeichnet, im Englischen „power“. Eine kWh pro Stunde stellt eine Leistung dar und wird einfach Kilowatt genannt. Ein Ei pro Tag, wie in unserem Vergleich, könnten wir ebenfalls eine Leistung nennen, die Leistung der Henne offensichtlich. Die Unterscheidung Energie/Leistung spielt in den Diskussionen über Klima und alternative Energien eine wichtige Rolle. Als Eselsbrücke (nichts Persönliches ...) stellen Sie sich Energie wie eine Entfernung vor, und Leistung wie Entfernung pro Zeit, d. h. Geschwindigkeit. Wenn Sie jemanden fragen: „Wie weit ist es zum Bahnhof?“, und Sie bekommen die Antwort: „140 Stundenkilometer“, dann ist das wenig informativ. Hier hat jemand Distanz mit Geschwindigkeit verwechselt. Kommt selten vor. Bei Energie und Leistung kommen die Verwechslungen häufiger vor.

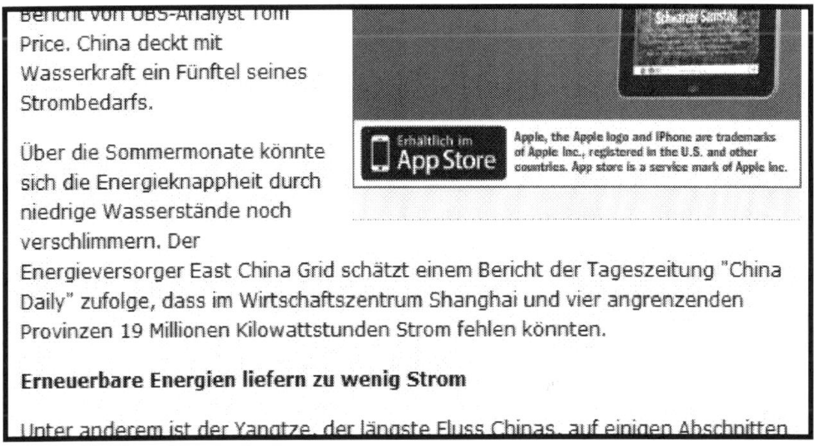
Bericht von UBS-Analyst Tom Price. China deckt mit Wasserkraft ein Fünftel seines Strombedarfs.

Über die Sommermonate könnte sich die Energieknappheit durch niedrige Wasserstände noch verschlimmern. Der Energieversorger East China Grid schätzt einem Bericht der Tageszeitung "China Daily" zufolge, dass im Wirtschaftszentrum Shanghai und vier angrenzenden Provinzen 19 Millionen Kilowattstunden Strom fehlen könnten.

Erneuerbare Energien liefern zu wenig Strom

Unter anderem ist der Yangtze, der längste Fluss Chinas, auf einigen Abschnitten

Im eingeblendeten Ausschnitt aus einem SPIEGEL-ONLINE-Artikel vom 18.5.2011, „China geht die Puste aus“, steht, dass Shanghai 19 Millionen Kilowattstunden Strom fehlen könnten (... um die notwendige Versorgung von Industrie und Bevölkerung sicherzustellen). Das ist so, als würde man sagen, dass der Stadt Shanghai 19 Millionen Eier fehlten. Fehlen die pro Tag, pro Woche oder pro Jahr? Das wollen die Hühner doch wissen!

Die vernünftigste Interpretation der SPIEGEL-Aussage wäre, dass 19 Millionen kWh pro Jahr fehlten. Nachdem wir gelernt haben, mit großen Zahlen umzugehen, können wir nun prüfen, ob das plausibel ist. Ein Jahr hat 365 x 24 = 8760 Stunden. Pro Stunde würden dann also 19 Millionen / 8760 Kilowattstunden fehlen. Anders geschrieben: $19 \times 10^6 / 8{,}76 \times 10^3 = 2{,}17 \times 10^3 = 2170$ (Sie erinnern sich: Zum Dividieren ziehen wir die Exponenten voneinander ab). Es fehlen also 2170 Kilowattstunden pro Stunde. Kilowattstunde pro Stunde ist das gleiche wie Kilowatt (kW). Schanghai fehlen 2170 kW elektrische Leistung. kW ist etwas Ähnliches wie PS. Das ist so, als würde man sagen, dem Auto von Barrichello fehlen 100 PS um das Rennen zu gewinnen.

Macht das Sinn? 2170 kW sind so ungefähr das gleiche wie 2 Megawatt. Ein einziges typisches Kraftwerk liefert Leistung in der Größenordnung von 1000 Megawatt. Shanghai fehlen 2 Megawatt. Das wären 0,2 % der Leistung eines Kraftwerkblocks. Ist das ausreichend dramatisch, um es in die Zeitung zu setzen? Wohl kaum. Also nehmen wir jetzt an, dass der Autor/die Autorin des Artikels nicht zwischen Leistung und Energie, zwischen Kilowatt und Kilowattstunde unterscheiden konnte. Vielleicht fehlen Shanghai 19 Millionen Kilowatt elektrischer Leistung. 19 Millionen Kilowatt ist eine unpraktische Größe, lassen Sie uns das einfacher darstellen. Eine Million ist 10^6 und ein Kilo ist 10^3, macht also 19×10^9 Watt, oder auch 19 Gigawatt. Das entspräche dann etwa 19 Kraftwerksblöcken, die in Shanghai fehlten. Das ist dann durchaus eine Nachricht wert. Und auch etwas, das man sich vorstellen kann.

Wenn uns auf einem Gebiet die elementarsten Unterscheidungen fehlen, dann werden wir nie Durchblick gewinnen, dann wird alles komplex und mysteriös. Wenn ein Arzt den Unterschied zwischen Diagnose und Therapie nicht kennt, dann möchte ich nicht sein Patient sein; wenn der Anwalt nicht weiß, was der Unterschied zwischen Richter und Staatsanwalt ist, dann möchte ich nicht sein Mandant sein, und wenn auf einem Planeten, wo über kaum noch etwas anderes geredet wird als über Erderwärmung, Energie und Nachhaltigkeit, wenn auf diesem Planeten weder die Journalisten noch die Politiker noch die Bürger wissen, was der Unterschied zwischen Energie und Leistung ist, dann möchte ich nicht dieser Planet sein.

Vielleicht nehmen Sie an, ich hätte seit Monaten ein Team von Werkstudenten am Computer sitzen, mit dem Auftrag, in allen Zeitschriften nach Fehlern in Sachen Kilowatt zu suchen. Das ist nicht der Fall. Ich habe einfach gestern SPIEGEL ONLINE gelesen und bin gleich darüber gestolpert. Auf ähnliches würde man vermutlich an jedem Tag in fast jeder Zeitschrift stoßen.

Damit Sie mir das glauben und damit Sie sehen, dass die Konkurrenz ebenso unter numerischem Analphabetismus leidet wie der SPIEGEL, gebe ich Ihnen hier eine Kostprobe aus FOCUS-MONEY online vom 6.6.2011. Da steht geschrieben: *„Der Meiler war seit 1972 in Betrieb und produzierte bis zu seiner Schließung 2003 rund 140 Millionen Kilowattstunden Strom.“*

Energie

Hintergrund: Der Rückbau von Atomkraftwerken

Montag, 06.06.2011, 10:34

SCHLAGWÖRTER

Abfall
Baden-Württemberg
Demontage
Endlagerung
Lubmin
Mülheim-Kärlich
Reaktordruckbehälter
Rückbau
Weitere Themen (2)

Google-Anzeigen
Girokonto
Giro kostenlos
Giro Vergleich
Giro Konten

Die Demontage eines stillgelegten Atomkraftwerks dauert Jahre. Für die Atomindustrie ist der jetzt anstehende Rückbau von acht Kernkraftwerken deshalb eine riesige Herausforderung.

Empfehlen Twittern 0 +1 0

Das Problem: Spezialfirmen wie die Energiewerke Nord (EWN) aus Lubmin (Mecklenburg-Vorpommern) sind mit bereits laufenden Arbeiten ausgelastet.

Die Rückstellungen der Atomkonzerne unter anderem für den Rückbau ihrer AKW betrugen Ende 2010 knapp 28,7 Milliarden Euro. Die Betreiber sind laut Gesetz verpflichtet, entsprechende Summen zurückzulegen. 500 Millionen Euro sind allein für das 2005 vom Netz genommene Kraftwerk Obrigheim (Baden-Württemberg) vorgesehen, die gleiche Summe sollen auch die Arbeiten im niedersächsischen AKW Stade kosten. Der Meiler war seit 1972 in Betrieb und produzierte bis zur Schließung 2003 rund 140 Millionen Kilowattstunden Strom.

Der 2004 begonnene Rückbau des einzigen rheinland-pfälzischen

Kann das sein? Wäre das wirtschaftlich? Für eine kWh zahlen wir Verbraucher heute so etwa 15 Cent. Das E-Werk bekommt, sagen wir mal, 7 Cent – weil sich das leicht rechnen lässt. Dann hätte der Meiler in den

30 Jahren 140 Millionen mal 7 Cent Umsatz gemacht; das sind rund 1000 Millionen Cent oder 10 Millionen € in 30 Jahren; oder auch rund 300.000 € pro Jahr. Da würden Eon oder Vattenfall ein schlechtes Geschäft machen. 300.000 € reicht nicht einmal für das Gehalt des Vorstands. Liebe Redakteure von FOCUS-MONEY, wenn Ihr schon nichts von Kilowatt versteht, dann solltet Ihr wenigstens etwas von Euros verstehen! Ein Atomkraftwerk, das jährlich 300.000 € Umsatz macht. ist nicht ganz plausibel.

Vielleicht hat das gute Stück in den 30 Jahren ja 140 Milliarden kWh produziert statt 140 Millionen und dann statt 300.000 € pro Jahr immerhin 300 Millionen € Umsatz gemacht ... Aber wen kümmert das schon. Ist ja beides furchtbar viel.

Für viele „mündige Bürger" macht es keinen Unterschied, was da genau steht. Sie wollen weder verstehen noch sich informieren. Sie wollen sich unterhalten oder Sorgen machen oder sich empören oder sich besser fühlen oder mit dem Finger auf jemanden zeigen. Sie wollen das, was so treffend „Infotainment" genannt wird.

Das kann teuer werden. Wenn jemand als mündiger Bürger einerseits Partei ergreift, z. B. gegen die KKWs, andererseits nicht zwischen Millionen und Milliarden unterscheiden kann, dann wird es vielleicht eines Tages Überraschungen geben. Dann kann man ihm vorgaukeln, dass 4 Windmühlen ein KKW ersetzen könnten, während man in Wirklichkeit 4000 davon braucht!

Die 140 Milliarden Kilowattstunden, die besagtes KKW produziert hat, eignen sich übrigens für eine andere, ganz interessante Beobachtung: Es geht ja seit einiger Zeit auf der Welt, und ganz besonders in Deutschland, darum, dass man versucht, den Ausstoß von Kohlendioxid zu verringern, um Global Warming Einhalt zu gebieten

Frage an Sie: Stellen Sie sich vor, besagtes KKW in Stade an der Elbe hätte nie existiert und man hätte den Strom aus Stein- oder Braunkohle erzeugt. So ein Kohlekraftwerk pustet - ganz ungefähr - für jede Kilowattstunde ein Kilogramm des Treibhausgases Kohlendioxid durch den Schornstein in die Atmosphäre. Wie viele Tonnen CO2 wurden dadurch eingespart, dass besagtes Kernkraftwerk am Netz war?

4.2 Auch Wärme ist Energie

Alles, was uns umgibt, besteht aus Atomen oder Molekülen, wobei letztere nichts anderes sind, als Atome, die sich nach bestimmten Regeln zusammengerottet haben. Die Moleküle oder Atome, aus denen ein fester Gegenstand aufgebaut ist, sind immer am gleichen Ort, so wie die Ziegel eines Hauses. Allerdings zittern sie im Gegensatz zu den Ziegeln andauernd vor sich hin. Für dieses Zittern von Atomen und Molekülen sind wir Lebewesen mit einem Sensor ausgestattet. Wir empfinden es als Wärme. Oder als Hitze, wenn es stark zittert.

Die Zitterbewegung kann so stark werden, dass die Atome und Moleküle anfangen, ihren angestammten Platz zu verlieren und in der Gegend herumzulaufen. Der Gegenstand verliert dadurch seine Form, ähnlich wie ein Haus bei einem Erdbeben seine Form verliert, wenn die Ziegel ihren angestammten Platz aufgeben. Man sagt dann, der Gegenstand schmilzt.

Wird die Bewegung der Moleküle oder Atome noch wilder, dann fangen sie an zu fliegen, und wir haben es mit einem Gas zu tun. Da sausen die Teilchen in der Gegend herum, prallen gegenseitig aufeinander wie Ping-Pong-Bälle, und wenn sie auf eine Oberfläche stoßen, dann üben sie eine Kraft aus, genannt „Druck“.

Das Maß für die Bewegung der Atome oder Moleküle ist die Temperatur, gemessen in Grad Celsius. Wer auch immer diese Celsius-Grade erfunden hat, hatte es vielleicht gut gemeint, aber gut gemeint ist eben das Gegenteil von gut. Immerhin hat er es noch besser gemacht, als der Erfinder der Fahrenheit-Skala, wo das Wasser bei 32 Grad friert und bei 212 Grad kocht. Kein Wunder, dass es den Amerikanern immer zu kalt oder zu warm ist. Wir kommen aber gleich noch auf diese Temperaturskalen.

Wenn die Teilchen zittern und herumfliegen, heißt das, sie bewegen sich. In jeder Bewegung steckt, wie wir im vorigen Kapitel gesehen haben, Energie. Logischerweise bezeichnen wir die Energie in diesem Fall als Wärmeenergie und die ist proportional zur Temperatur, die ein Körper oder ein Gas hat.

Proportional bedeutet aber: wenn doppelte Temperatur dann doppelte Wärmeenergie. Hat ein Liter Wasser bei 10 °C doppelt so viel Energie wie bei 5 °C? Und was bedeutet dann eine negative Temperatur? Hat ein Stück Eis bei -5 °C negative Energie?

Hier bewahrheitet sich meine Behauptung, dass die Celsius-Skala unglücklich gewählt ist. Ein Körper kann zunächst einmal keine negative thermische Energie haben. Die Atome und Moleküle können nicht weniger zittern als gar nicht. Logischerweise sollte man also diesen Zustand der totalen Bewegungslosigkeit mit Null Grad bezeichnen.

Das hat man auch getan und noch eine weitere Temperaturskala geschaffen, mit der Einheit Kelvin. Null Kelvin bezeichnet den absoluten Nullpunkt, an dem die thermische Energie 0 ist, wo den Molekülen und Atomen das letzte Zittern vergangen ist.

Die Kelvin(K)-Skala ist durch die gleichen Temperaturschritte eingeteilt wie die Celsius-Skala, aber die beiden haben einen unterschiedlichen Anfangspunkt.

Das ist so, wie wenn man die Autobahnkilometer auf der A9 nicht ab Bayreuth, sondern ab Potsdam zählt; die Schritteinheit bleibt gleich, nämlich km, nur der Nullpunkt ist dank Wiedervereinigung um 327 km von Bayreuth nach Potsdam gerutscht. Kelvin und Celsius sind um 273 Grad gegeneinander verschoben; d. h. unter 273 K = 0 °C haben wir Frost; wenn das Meer 300 K hat, dann sind wir vermutlich in der Karibik, und bei 373 K kocht das Wasser.

Die Temperatur von genau null Kelvin kommt in der Natur (und auch im Laboratorium irgendwelcher durchgebrannten Dr. Frankensteins) nicht vor. Jegliche Materie wird zumindest ein paar Bruchteile eines Grades über dem absoluten Nullpunkt sein. Manchmal hört man, null Kelvin sei die Weltraumtemperatur; das wird dann wohl von jemandem behauptet, der weder weiß, was Weltraum noch was Temperatur ist. Im Weltraum gibt es keine Moleküle oder Atome oder andere Teilchen die zittern oder sich sonst bewegen können. Insofern hat der Weltraum gar keine Temperatur - das ist etwas anderes als null Kelvin.

Man kann sich höchstens die Frage stellen, welche Temperatur ein Gegenstand annimmt, der im Weltraum herumschwebt. Kühlt sich der vielleicht auf null Kelvin ab? Keine schwierige Frage: Zufälligerweise sitzen wir alle auf solch einem Gegenstand, der im Weltall herumschwebt; er heißt Erde, und die tut alles andere, als sich auf null Kelvin abzukühlen.

Bevor wir uns diesem Thema zuwenden, noch eine leidige Anmerkung, die ich Ihnen aber nicht ersparen kann: Für Wärmeenergie gibt es tatsächlich wieder eine eigene Maßeinheit, und zwar die Kalorie. Überflüssigerweise gibt es da tatsächlich noch die große und die kleine Kalorie! Die große Kalorie (kcal) ist die Energie, die man braucht, um einen Liter Wasser um ein Grad Celsius zu erwärmen, z. B. von 14 auf 15 °C. Die kleine Kalorie ist ein Tausendstel davon. Erinnern Sie sich noch an Joule und Wsec? Dann wird Sie vielleicht folgendes interessieren:

1 kleine Kalorie ist gleich 4,2 Wattsekunden.

Kleine Plausibilitätsbetrachtung: Um einen Liter Wasser für den Frühstückstee von Zimmertemperatur 20 °C auf 100 °C zu erhitzen, brauchen wir nach obiger Definition folgende Energie: (100 - 20) °C x 1 Liter = 80 große Kalorien = 80.000 kleine Kalorien = 80.000 x 4,2 = 336.000 Wattsekunden. Es ist hier egal, ob wir in °C oder Kelvin rechnen, weil wir die Differenz zweier Temperaturen betrachten. Das ist so, als wollten Sie die Distanz Nürnberg - München ausrechnen, indem Sie die Autobahnkilometer der beiden Städte voneinander subtrahieren. Da ist es auch egal, ob Sie ab Bayreuth oder ab Potsdam rechnen.

Nehmen wir an, Sie hätten einen elektrischen Wasserkocher, auf dessen Plakette, neben TÜV- und CE-Siegel noch steht, dass das Ding 2 Kilowatt = 2000 Watt aus der Steckdose holt. Wie lange dauert es, bis das Wasser endlich kocht? Ganz einfach: 336.000 Wattsekunden / 2000 Watt = 168 Sekunden. Das sind knapp drei Minuten. Mir kommt es immer vor, als wären es drei Stunden ... Nicht alle Energie ist ins Wasser gegangen, ein bisschen ging natürlich daneben und hat den Kocher selber aufgeheizt. Aber so genau nehmen wir es im Moment nicht.

Apropos Frühstück: Falls Sie gesund leben und auf die Brennwerte Ihrer Nahrung achten, dann haben Sie ja ohnehin schon die Umwandlung von Kalorien in Joule geübt. Wenn 100 g Haferflocken 400 Kcal haben, dann sind das 400.000 kleine Kalorien oder rund 1.674.000 Joule = 1.674.000 Wsec.

1.674.000 Wattsekunden sind aber, mit anderen Worten, nichts anderes als rund eine halbe Kilowattstunde. Guten Appetit!

4.3 Sonne, Wellen, Licht und Wärme

Noch eine Energieform wollen wir uns hier vorknöpfen: die Strahlung. Der einzige Grund, warum sich die Welt heute den Kopf über CO2 zerbricht, warum es in Kyoto und Cancun und Rio wichtige Kongresse gibt, liegt darin, dass unsere Erde von der Sonne Strahlung empfängt, und dass sie ihrerseits wieder Energie abstrahlt.

Was da von der Sonne kommt, und was wir als Strahlen empfinden, ist ein Mix elektromagnetischer Wellen. Elektromagnetische Wellen sind Schwingungen, ähnlich wie das, was wir als Schall empfinden, Schwingungen des Luftdruckes sind. Solche Schwingungen haben die Angewohnheit, sich auszubreiten und Wellen zu erzeugen, wie die viel zitierten Wellen um einen Stein, der in einen Teich fällt, oder eben die Schallwellen. Während Schall und Wasserwellen ein Medium brauchen, um sich auszubreiten, kommen die elektromagnetischen Wellen ohne Medium aus.

Wellen haben ein charakteristisches Merkmal: die Wellenlänge. Auf dem Teich kann man die Wellenlängen leicht sehen, beim Schall kann man sie sich zumindest gut vorstellen, sie sind so im Bereich von einigen Zentimetern bis zu einigen Metern. Bei der Sonne kann man die Wellenlänge weder sehen, noch kann man sie sich gut vorstellen. Sie liegt zwischen 250 und 2500 x 10^{-9} m. Falls es Ihnen hilft, 10^{-9} Meter wird auch ein Nanometer (nm) genannt, das ist das Gleiche wie ein Millionstel Millimeter.

Am intensivsten ist die Sonnenstrahlung im Bereich 380-780 nm. Wie der Zufall es will, sind wir mit besonderen Organen ausgestattet, um das elektromagnetische Spektrum in genau diesem Abschnitt wahrzunehmen. Man kann nun rätseln, ob der liebe Gott uns zuliebe die Sonne so geschaffen hat, damit wir gut sehen können, oder ob die Evolution uns

Lebewesen, angefangen beim Polypen über den Grottenolm und den Lungenfisch, mit immer besseren Sehwerkzeugen ausgestattet hat.

Wie dem auch sei, lassen Sie uns dankbar dafür sein, dass unsere Augen sich auf das Spektrum von 380-780 nm eingeschossen haben, welches auch als Licht bezeichnet wird. Übrigens nehmen die Augen das Licht nicht nur wahr, sie analysieren es auch nach Wellenlänge, und je nach Ergebnis dieser Analyse sehen wir verschiedene Farben.

Wellen unterhalb von 380 nm können wir nicht sehen, aber die verursachen, unter anderem, Sonnenbrand, es sind die UV-Strahlen. Wellen oberhalb 780 nm heißen infrarot.

Wenn Strahlung auf einen Gegenstand fällt und dieser die Strahlung absorbiert, dann erwärmt er sich. Hier wird also die Energie der Strahlung in Wärmeenergie umgewandelt. Wie viel Leistung liefert die Sonnenstrahlung auf der Erde? Etwas mehr als 1 kW pro Quadratmeter - vorausgesetzt, es ist gutes Wetter und nicht gerade Nacht ...

Aber nicht nur die Sonne strahlt. Jeder warme Gegenstand sendet elektromagnetische Wellen aus, und zwar umso mehr, je höher seine Temperatur ist. Und je höher die Temperatur ist, desto kürzer werden die emittierten Wellenlängen. Eine Herdplatte strahlt zunächst im langwelligen Infrarotbereich, man fühlt die Wärme zwar, aber man kann sie nicht sehen. Wird die Platte heißer, dann glüht sie zunächst in tiefem Rot und wird dann immer heller, bis sie durchbrennt. Es gibt dazu zwei Gleichungen, die ich Ihnen nicht vorenthalten darf.

Diejenige Wellenlänge, die bei einer bestimmten Temperatur am stärksten strahlt, ist gegeben durch $2{,}9 \times 10^6$ nm geteilt durch die Temperatur in Kelvin. Beispiel: Der Draht in einer Glühbirne ist etwa 2.900 Kelvin (ca. 2600 °C) heiß, d. h. die Wellenlänge, in der die meiste Energie ausgestrahlt wird, liegt bei $2{,}9 \times 10^6 / 2{,}9 \times 10^3 = 1000$ nm. 1000 nm liegt im infraroten, unsichtbaren Bereich. Die meiste Energie wird von der Glühbirne also als Wärmestrahlung und nicht als sichtbares Licht abgegeben. Tatsächlich - das hat man gemessen - setzt eine Glühbirne nur 2 oder 3 % der aufgenommenen Energie in sichtbare Strahlung um. Der Rest ist verloren - zumindest wenn ich die Glühbirne zum Sehen und nicht zum Heizen angeschaltet habe. Daher der Trend zur Energiesparlampe.

Umgekehrt können wir von der Wellenlänge, welche die maximale Intensität hat, auf die Temperatur eines Körpers schließen. Schaut man sich ihr Spektrum an, so sieht man, dass bei der lieben Sonne diese Wellenlänge irgendwo zwischen 380 und 780 nm liegt. Nehmen wir an, sie läge genau in der Mitte, bei 580 nm. Dann ergibt sich aus obiger Gleichung die Temperatur der Sonne zu 2.900.000 / 580 = 5000 K. Die Wissenschaftler sagen uns, die Sonnenoberfläche sei 5778 K heiß. Ganz so falsch sind wir also gar nicht gelegen.

Noch ein weiteres Gesetz wird von Bedeutung für uns sein, von großer Bedeutung sogar: Die gesamte von einem Gegenstand pro Quadratmeter abgestrahlte Leistung ist

$$5{,}67 \times 10^{-8} \times T^4 \text{ Watt}$$

Dabei ist T dessen Temperatur in Kelvin. Beispiel: Ein Stück Blech von 1 m^2 und 300 K, d. h. 27 °C Temperatur, strahlt danach auf der Vorderseite 459 Watt ab und auf der Rückseite ebensoviel, es sind also 2 m^2, die strahlen. Insgesamt werden dann 918 Watt abgegeben.

Stellen Sie sich vor, Sie halten jetzt so ein Blech in die Sonne und sorgen dafür, dass es keinen Luftzug gibt, der das Blech abkühlen würde, wie heiß wird es dann? Die Sonne liefert bei wolkenlosem, klarem Himmel pro m^2 1,4 kW. Wenn das Blech jetzt so heiß wird, dass es seinerseits 1,4 kW abstrahlt, dann gibt es ebensoviel Energie ab, wie es von der Sonne empfängt, und die Temperatur steigt nicht weiter. Lassen Sie uns rechnen: Es müssen 333 K sein, damit genau 1,4 kW von den beiden Seiten des Blechs abgegeben werden. 333 K sind 56 °C, schon etwas zu heiß, um es noch anzufassen.

So ein Blech ist ja die „Grundlage“ für eine solare Warmwasseranlage. Wir müssen nur eine Wasserleitung so darauf befestigen, dass die Wärme gut von der gesamten Fläche aufs Wasser übertragen wird. Allerdings wären wir mit 56 °C vielleicht nicht zufrieden - und tatsächlich würde wegen vieler kleiner Verluste in dem Sonnenkollektor und der Wasserleitung nur eine noch geringere Temperatur in der Dusche ankommen. Wir könnten ja noch dafür sorgen, dass das Blech auf der Rückseite keine Energie mehr verliert, dass also nur die Vorderseite Wärme abstrahlt. Dann würden das Blech, und damit das Wasser, auf eine höhere Temperatur aufgeheizt.

Wie konnen wir das erreichen? Wir bringen unter dem Blech, also auf der von der Sonne abgewandten Seite, einen Spiegel an, der die vom Blech abgegebene Wärmestrahlung zurückwirft. In diesem Fall würden wir eine höhere Temperatur erreichen: Bei den erst erzielten 333 K würde das Blech jetzt nur noch die Hälfte der 1400 W abstrahlen und die Temperatur würde weiter steigen, weil sie ja von der Sonne 1400 W empfängt. Sie steigt eben so lange, bis von dem einen m^2 Vorderseite genau 1,4 kW abgestrahlt wird. Das wäre dann bei einer Temperatur von 396 K = 123 °C. Schon besser - und wieder wird wegen diverser kleinerer Verluste das Wasser in Wirklichkeit nicht ganz so heiß.

Dieses Thema ist nicht unwichtig, denn es geht uns hier nicht nur um ein Stück Blech in der Sonne. Es geht um den ganzen Planeten, der einerseits von der Sonne angestrahlt wird und andererseits selbst wieder Energie abstrahlt. Und dabei stellt sich eine bestimmte Gleichgewichtstemperatur ein. Falls wir den Planeten jetzt daran hindern würden, seine elektromagnetischen Wellen abzustrahlen, dann würde sich seine Temperatur weiter erhöhen. Schon mal davon gehört? They call it Global Warming.

5 Zur Sache: die Temperatur der Erde

5.1 Die Erde ist ein Raumschiff

So, lieber Leser, liebe Leserin, jetzt haben wir einen Großteil des nötigen Instrumentariums, um die vielen Behauptungen in Sachen Klimawandel selbst auf ihre Richtigkeit überprüfen zu können.

Die Erde fliegt wie ein Raumschiff durch das Vakuum des Weltalls und wird dabei von der Sonne mit ihren freundlichen Strahlen bedacht. Was die Bewohner dieses Raumschiffes nun seit einiger Zeit mehr beschäftigt als alles andere, ist die Frage, welche Temperatur sich in ihrem Lebensraum kurz- und langfristig einstellen wird und welche Folgen das hat.

Die Konstrukteure von Raumschiffen wie Sojus oder Apollo mussten sich hier den Kopf gründlich zerbrechen, um den Kosmo- bzw. Astronauten akzeptables Klima in ihrer Kammer zu bieten. Auf der Erde haben wir das immer als natürliche Selbstverständlichkeit hingenommen.

Die Temperatur, die sich bei uns einstellt, wird bestimmt durch Zufuhr und Abgabe von Energie. Das haben wir im vorigen Kapitel gesehen. Energie wird durch die Einstrahlung der Sonne zugeführt, etwa 1,4 Kilowatt pro Quadratmeter. Diese Zahl stimmt aber nur, wenn die Strahlen senkrecht auf eine Fläche fallen. Würde das 1 m^2 Blech aus dem vorigen Kapitel schräg zu den Sonnenstrahlen stehen, dann bekäme es weniger ab, ähnlich wie das Blech weniger Wasser abbekäme, wenn es schräg im Regen stünde, statt waagerecht auf dem Boden zu liegen.

Die Fläche der Erdkugel, welche die Sonnenstrahlen abfängt, ist also nicht die „Erdoberfläche“ mit ihrer Rundung, sondern es ist die scheibenförmige Silhouette, welche sie den Sonnenstrahlen darbietet. Die Fläche einer Scheibe, dass wissen Sie noch aus der Schule, ist $R^2 \times 3{,}14$, wobei R der Radius ist, in unserem Fall der Radius der Erde.

Abstrahlung von Energie erfolgt von jedem Quadratmeter der gekrümmten Erdoberfläche in sämtliche Himmelsrichtungen. Diese Fläche ist viermal so groß, also $4 \times R^2 \times 3{,}14$. Die Gleichgewichtstemperatur stellt sich nun ein, wenn die von der Sonne empfangene Leistung auf die

Dauer gleich der von der Erde abgestrahlten ist. Gemäß der Formel aus dem vorigen Kapitel ergibt sich eine ganz einfache Gleichung. Dabei brauchen Sie R, den Erdradius, nicht einmal zu kennen, der kürzt sich raus. (Falls Sie sich nicht für die Mathematik interessieren, dann vertrauen Sie mir und überspringen Sie den grau schattierten Teil.)

Also: hier die Gleichung:

die von der Sonne empfangene Leistung =
die durch die Erde abgestrahlte Leistung;

anders ausgedrückt:

$$3{,}14 \times R^2 \times 1400\ W = 4 \times 3{,}14 \times R^2 \times T^4 \times 5{,}67 \times 10^{-8}\ W$$

Solch eine Gleichung kann man vereinfachen, indem man auf beiden Seiten durch die gleiche Zahl oder Variable oder Einheit dividiert. Wir dividieren durch 3,14 und durch R^2 und durch W. Dann bleibt noch stehen:

$$1400 = 4 \times T^4 \times 5{,}67 \times 10^{-8}$$

Jetzt multiplizieren wir beide Seiten mit 10^8 und denken daran, dass $10^8 \times 10^{-8}$ gleich eins ist. Auf der linken Seite bekommen wir $1000 \times 10^8 = 10^{11}$. Also:

$$1{,}4 \times 10^{11} = 4 \times T^4 \times 5{,}67 \text{ oder}$$

$$1{,}4 \times 10^{11} / 22{,}68 = T^4 \text{ oder auch } 6{,}17 \times 10^9 = T^4 \text{ oder auch}$$
$$61{,}7 \times 10^8 = T^4$$

Jetzt ziehen wir auf beiden Seiten die vierte Wurzel. Dazu können wir zweimal hintereinander die Quadratwurzel (d. h. die „normale" Wurzel) ziehen. Die Wurzel aus 10^8 ist 10^4 und die Wurzel aus 10^4 ist 10^2. Also:

$$2{,}80 \times 10^2 = T, \text{ das heißt } T = 280$$

Das Resultat ist also, dass die Temperatur = 280 K oder 7 °C ist. Das wäre jetzt die Temperatur der Erdoberfläche, gemittelt über Tag und Nacht, über Sommer und Winter und über alle Gegenden, vom Nordpol bis zur Sahara und bis zur Antarktis. Wie wir später sehen werden, haben wir dabei sehr viele Vereinfachungen gemacht. Wir haben in unserem Modell absichtlich viele, viele Details ignoriert, um die Sache nicht zu kompliziert zu machen. Diese Details werden später berücksichtigt; das wird noch einige Seiten des Buches füllen.

Unser Ergebnis von 7 °C liegt übrigens nur wenig neben dem Wert von 14 °C, der von den Meteorologen gemessen wurde. Es ist doch ganz erstaunlich, wie Sie mit so einer einfachen Rechnung zu einem Ergebnis kommen, das zumindest nicht total falsch ist.

5.2 Heizung an Bord

Hier eine erste Korrektur, die wir an der Rechnung aus dem vorigen Kapitel anbringen müssen: Tatsache ist nämlich, dass die Erde eine „bordeigene" Energiequelle hat. Die wollen wir uns jetzt mal genauer anschauen. Dazu müssen wir kurz in die Atomphysik eintauchen.

Alle Materie besteht aus Atomen. Ein Glas Wasser enthält beispielsweise 3×10^{24} Sauerstoffatome und doppelt so viele Atome Wasserstoff. Jedes Atom besteht aus einem Kern, um den sich eine kugelförmige Wolke aus Elektronen schart. Mit Ausnahme des Gewichtes bestimmt die Anzahl der Elektronen alle Eigenschaften einer Substanz: Ob sie fest ist oder ein Gas oder eine Flüssigkeit, ob sie hart ist oder weich, ob sie brennt oder nicht, all das ist eine Sache der Elektronen. Im alltäglichen Leben kommen wir nur mit den Elektronen der Atome in Kontakt, nicht mit dem Kern.

Atome können sich mit einander zu Molekülen verbinden und neue Substanzen formen, etwa Wasser oder Kohlendioxid. Dieses Thema ist ein weites Feld, und es gibt eine eigene Wissenschaft, die sich nur damit beschäftigt: die Chemie. Chemie ist also im Grunde genommen ein Teil der Atomphysik; die Physiker haben das aber an die Chemiker delegiert.

Der Kern enthält praktisch die gesamte Masse des Atoms, die Elektronen wiegen so gut wie nichts. Er ist seinerseits zusammengesetzt, und zwar aus Nukleonen. Davon gibt es zwei Sorten, solche mit positiver elektrischer Ladung, die Protonen, und solche ohne Ladung, die Neutronen. Ansonsten sind die beiden Kandidaten sich ziemlich ähnlich.

Die Anzahl der Protonen bestimmt, wie viele Elektronen sich um den Kern scharen – nämlich für jedes Proton eines. Damit bestimmt die Zahl der Protonen, um welche Substanz, um welches Element es sich handelt. Ein Sauerstoffatomkern hat beispielsweise 8 Protonen und ein Goldkern hat 79; es gibt Elemente mit Protonenzahlen von 1 bis knapp 100.

Die Zahl der Neutronen bestimmt, ob das ganze Gebilde zusammenhält. Nur bestimmte Kombinationen von Protonen und Neutronen ergeben einen Atomkern, der beständig ist. Alles andere verändert sich so lange, bis die richtige Zahlenkombination gefunden ist. Manche verändern sich sofort, andere warten mehr oder weniger lange. Diese „Wartezeit" wird auch Halbwertszeit genannt; das ist die Zeit, in der die Hälfte der Atomkerne sich entschlossen hat, sich zu verändern, zu zerfallen.

Ein Atomkern, der sich verändert, verschießt ein oder mehrere Teilchen, genannt „radioaktive Strahlung". Wenn diese Strahlung auf Materie trifft, dann wandelt sie sich in Wärme um.

Als der liebe Gott das Universum schuf, versuchte er es mit Atomkernen aus allen möglichen Zahlenkombinationen. Das ist jetzt einige Milliarden Jahre her. Alles, was damals keine stabile Kombination ergab, hat sich inzwischen in stabile Kerne verwandelt - mit ganz wenigen Ausnahmen. Das waren solche Kombinationen von Neutronen und Protonen, die fast ewig lang leben, aber eben nur fast. Diese sind heute noch vorhanden und strahlen vor sich hin. Dazu gehört z. B. der Kern mit 92 Protonen und 146 Neutronen, macht zusammen 238 Nukleonen. Diese Substanz, ein schweres Metall, wird Uran genannt; es wandelt sich mit einer Halbwertzeit von ca. $4,5 \times 10^9$ Jahren Schritt für Schritt in Blei um.

Neben Uran gibt es noch ein paar andere exotische, radioaktive Materialien auf und in unserer Erde, die überlebt haben. Auch wenn die Konzentration dieser radioaktiven Substanzen im Erdmaterial extrem niedrig ist, vielleicht nur einige Millionstel, man weiß es nicht genau, so kommt bei der Gesamtmasse der Erde von 6×10^{24} kg doch einiges an Radioaktivität zusammen.

Auf jeden Fall ist es genug radioaktive Energie, um das Innere der Erde so aufzuheizen, dass das Gestein zu flüssiger Lava schmilzt, welche hin und wieder über Vulkane an die Oberfläche der Erde drängt. Das zeigte sich in dramatischer Weise anno 79, als Pompeji von Asche und Lava begraben wurde – was dieser Provinzstadt zu ewiger Berühmtheit verhalf, während sie sonst sicherlich in totale Vergessenheit versunken wäre. Man fand die Stadt wie im Schlaf erstarrt unter der erkalteten Lava nach knapp 17 Jahrhunderten wieder. Dabei stieß man auf komplette Häuser mit Bewohnern, Kücheneinrichtungen und sogar eine Hinweistafel, die vor einem bissigen Hund warnte. Aber Vulkanausbrüche gab es nicht nur bei den alten Römern, das gibt es auch noch im frühen 21. Jahrhundert, wenn beispielsweise Vulkane auf Island den Flugverkehr Nordeuropas lahm legen.

Im Erdinneren spielt sich also nichts anderes ab, als eine permanente Kernschmelze, ein gigantischer nuklearer Melt Down. Radioaktive Substanzen heizen sich selbst und die Umgebung durch die Energie, die bei ihrem Zerfall entsteht, so auf, dass sie schmelzen und ihr Unheil anrichten. Aber nicht nur im Inneren der Erde, auch an ihrer Oberfläche gibt es natürliche Radioaktivität, die man messen kann. Alle Kreaturen auf dem Planeten sind ihr seit je ausgesetzt. Allerdings ist sie heute niedriger als noch vor ein paar Milliarden Jahren, als noch nicht so viel von dem Material zerfallen war. Damals muss die bordeigene Heizung noch stärker gewesen sein.

Es wird auch noch über eine andere Wärmequelle im Inneren der Erde spekuliert. Man nimmt an, dass durch die Anziehungskraft des Mondes, kombiniert mit der Erddrehung, nicht nur die Gezeiten auf den Ozeanen entstehen, welche die Meeresoberfläche deformieren, sondern dass die gesamte Erdkugel andauernd ein ganz kleines bisschen deformiert wird. Diese Deformationen erzeugen Reibungswärme, ähnlich wie ein zu wenig aufgepumpter Autoreifen sich deformiert und heiß wird, wenn er rollt. Welchen Beitrag dieser Effekt zur erdeigenen Energiequelle darstellt, ist ungewiss. Für unsere Betrachtungen ist das aber irrelevant.

Unsere „bordeigene Energiequelle“ trägt auf jeden Fall dazu bei, dass es auf der Erdoberfläche etwas wärmer ist als die 7 °C, die wir im vorigen Kapitel ausgerechnet haben. Wir müssen da also nach oben korrigieren. Dass wir dadurch aber genau auf die tatsächlich gemessenen 14 °C kommen, will ich nicht behaupten. Hier leistet der später zu diskutierende Treibhauseffekt, getrieben von Wasserdampf, CO2 und ein paar anderen Gasen einen ganz entscheidenden Beitrag.

Alles, was auf der Erde sonst noch an hausgemachter Wärme erzeugt wird - etwa durch Waldbrände oder durch die systematische Verfeuerung von Kohle und Öl durch den Menschen -, kann gegen die oben genannte Wärmequelle und insbesondere gegen die Einstrahlung der Sonne total vernachlässigt werden.

Das soll nicht heißen, dass das Verheizen von Kohle durch die Menschheit keinen Einfluss auf das Klima hätte. Mehr dazu später. Es soll heißen, dass die durch das Verheizen von Kohle erzeugte Hitze im Vergleich zur Sonnenstrahlung bedeutungslos ist.

5.3 Die Mutter aller Planeten

Für jedes kleine Mädchen, für jeden Jungen ist es ein prägendes Trauma, wenn sie erfahren müssen, dass die Mutter nicht ausschließlich für sie da ist, sondern dass sie ein Eigenleben hat. Die Planeten sind die Kinder von Mutter Sonne und die Erde ist eines von ihnen. Die Sonne ist nicht allein für die Erde da. Sie führt ihr Eigenleben und sie hat, falls Sie es noch nicht wissen sollten, ihre Perioden.

Alle 11 Jahre verändert sich ihr hormonelles Gefüge, sie bekommt Flecken im Gesicht (sogenannte Sonnenflecken) und ihre Ausstrahlung verändert sich. Abgesehen davon aber unterliegt sie auch längerfristigen Schwankungen, die dazu geführt haben, dass es auf der Erde Eiszeiten und Hitzeperioden gab. Wir können die Sonne also nicht, wie ein verwöhntes Einzelkind, als konstanten Faktor ansehen, der nur für uns dazusein hat und uns gefälligst permanent und nachhaltig mit gleichbleibender Energie versorgt. Wir müssen damit rechnen, dass auch sie nur ein Gestirn ist, welches seinen Zyklen und seinem Alterungsprozess unterworfen ist - und welches seine Geheimnisse hat.

Was wir allerdings auf jeden Fall über sie wissen, ist, dass sie ihre unendliche Energie aus der Verwandlung von Wasserstoffatomkernen in Heliumkerne bezieht, ein Prozess, der als Kernfusion bezeichnet wird und der auf der Erde vom Homo sapiens erfolgreich in Form der Wasserstoffbombe nachempfunden wurde. An einer friedlichen Nutzung der Kernfusion arbeitet man seit einem halben Jahrhundert; der Fortschritt ist langsam, der Erfolg ungewiss. Mehr darüber in einem späteren Kapitel.

Könnte es sein, dass Gemütsschwankungen von Mutter Sonne die Ursache für die Erwärmung der Erde sind - falls letztere denn wirklich stattfindet? Könnte es sein, dass all unsere Gewissensbisse hinsichtlich Treibhausgasen nichts sind als eine infantile Reaktion? Dass wir uns verhalten wie ein Vierjähriger, der sich das befremdende Gebaren seiner Mutter nicht erklären kann und die Ursachen bei sich selbst sucht und sich Vorwürfe macht, während Mutter mit Probleme kämpft, von denen der Kleine keine Ahnung hat?

Ich weiß nicht, ob irgendjemand Ihnen darauf eine sichere Antwort geben kann. Ich kann es jedenfalls nicht. Mein Bestreben ist, trotz dieser Ungewissheit gemeinsam mit Ihnen eine vernünftige Strategie für uns Erdenkinder zu entwickeln.

5.4 Der Unterschied zwischen schwarz und weiß

Als wir zuvor über die Einwirkung der Sonnenstrahlung auf die Erde sprachen, habe ich Ihnen nicht die ganze Wahrheit gesagt. Das möchte ich jetzt korrigieren.

Bekanntlich sind wir von Dingen umgeben, die wir als eher dunkel oder eher hell wahrnehmen. Ein Gegenstand erscheint dunkel, wenn er weniger Licht aussendet als ein anderer. Da die meisten Gegenstände nicht selbst leuchten, handelt es sich dabei um Licht, das von dem Gegenstand zurückgeworfen wird.

Der Teil des Lichtes, der nicht zurückgeworfen wird, wird entweder absorbiert oder er fällt durch den Gegenstand hindurch, etwa wie durch eine Glasscheibe. Wenn Gegenstände alles Licht absorbieren, sind sie schwarz, wenn sie alles durchlassen, sind sie transparent, wenn sie alles reflektieren, sind sie entweder weiß oder sie sind Spiegel. Eine weiße Oberfläche wirft einen einfallenden Lichtstrahl diffus in alle möglichen Richtungen zurück; ein Spiegel reflektiert ihn in einem ganz bestimmten Winkel.

Stellen Sie sich eine weiße Hauswand vor, auf die die Sonne scheint. Die Fenster, die teils transparent sind, teils spiegeln, erscheinen dunkel, solange die Sonne nicht an genau dem Punkt steht, der dafür sorgt, dass die Strahlen in Ihre Augen reflektiert werden. Die Wand erscheint immer hell. Das ist der Unterschied zwischen „weiß" und „Spiegel"

Nun kommt Licht in verschiedenen Wellenlängen vor und manche Oberflächen werfen verschiedene Wellenlängen unterschiedlich stark zurück. Die Folge ist, dass wir die Gegenstände dann farbig wahrnehmen. Je unterschiedlicher die reflektierte Intensität für verschiedene Wellenlängen ist, desto farbiger ist ein Gegenstand. Werden alle Wellenlängen gleich stark oder gleich schwach zurückgeworfen, so erscheint der Gegenstand grau.

Transparenz, Absorption, Reflexion gibt es natürlich nicht nur für das sichtbare Licht, sondern für das gesamte Spektrum elektromagnetischer Wellen, inklusive UV-Strahlung und Wärmestrahlung. Auch hier kann es vorkommen, dass verschiedene Wellenlängen unterschiedlich absorbiert werden.

Für unsere Betrachtungen ist es wichtig, welche Gesamtenergie auf der Erde von allen von der Sonne ausgestrahlten Wellenlängen absorbiert wird. Wenn eine Oberfläche einen Teil der einfallenden Strahlung reflektiert, dann nimmt sie entsprechend weniger Energie auf. Deshalb heizt sich ein weißer Gegenstand im Sonnenlicht weniger auf als ein schwarzer.

In Kapitel 5.1 über das Raumschiff Erde hatten wir angenommen, dass die gesamte eingestrahlte Leistung von 1,4 kW pro m^2 absorbiert würde. Das stimmt aber nicht. Vom Mond beispielsweise wissen wir, dass er nicht 100 % der Sonnenstrahlung absorbiert. Warum wissen wir das? Wir brauchen ihn nur anzuschauen. Er strahlt ja offensichtlich einen Teil des einfallenden Sonnenlichtes zu uns herab. Diesen Teil kann er schon mal nicht absorbiert haben.

Der Mond kann also nicht total schwarz sein, dann würden wir ihn nicht sehen. Er ist aber auch nicht total weiß, denn dann wäre er heller. Wissenschaftler geben diese „Weißheit" eines Himmelskörpers mit einer Zahl von 0 bis 1 an und bezeichnen das als „Albedo". Total schwarz ist

Albedo = 0; Albedo = 1 ist das Gegenteil davon. Der Mond hat Albedo 0,14 - das ist also ziemlich dunkel. Es ist ein Mittelwert über die gesamte Oberfläche, denn er hat ja dunklere und hellere Flecken.

Bei der Erde ist die Sache komplizierter. Sie kann der Sonne sehr unterschiedliche Seiten zeigen: Wolken, Meere, Wälder, Wüsten und vieles mehr. Weiße Wolken oder Eis und Schnee haben natürlich ein höheres Albedo, vielleicht 0,9, als der Ozean oder ein Wald. Im Durchschnitt kommt die Erde damit auf ein Albedo von etwa 0,35.

Bei unserer Berechnung der Erdtemperatur hatten wir stillschweigend angenommen, die Erde wäre schwarz, d. h. hätte Albedo 0. Richtiger wäre 0,35 gewesen. Wie stark hat das unsere Rechnung verfälscht?

Unsere Gleichung für die Berechnung der Erdtemperatur hatte ja zwei Seiten: Eine beschreibt die aufgenommene Sonnenenergie, die andere beschreibt die abgegebene Wärmestrahlung. Hängt letztere denn auch davon ab, ob ein Gegenstand schwarz ist oder weiß?

Sie können mal ein kleines Experiment machen. Vielleicht haben Sie ja einen Gasherd zu Hause. Halten Sie ein Stück Eisen oder einen dicken Draht in die Flamme und warten, bis er so richtig glüht. Machen Sie das gleiche jetzt mit einem Glasgegenstand. Den müssen Sie sehr vorsichtig heiß machen, sonst springt er Ihnen ins Gesicht. Gelingt es Ihnen tatsächlich, dieses Stück Glas genauso heiß zu machen wie zuvor den Draht, dann werden Sie jetzt eine Enttäuschung erleben: das Glas glüht nicht.

Fakt ist: Ein Gegenstand, der selbst keine Strahlung absorbiert, so wie eben das Glas, strahlt auch nicht aus. Ein schwarzer Körper, der am meisten Strahlung absorbiert, sendet auch die stärkste Strahlung aus. Und das Entsprechende gilt für die ganzen Zwischenwerte von schwarz bis weiß.

Unsere Erde mit Albedo 0,35 strahlt also nicht ganz so viel ab, wie sie das tun würde, wenn sie schwarz wäre (Albedo 0). Nachdem aber auf der anderen Seite der Gleichung, auf der Seite der einfallenden Sonnenstrahlung auch der Albedo-Wert von 0,35 eingeht, heben sich die beiden Faktoren in etwa auf. Wir haben also gar keinen großen Fehler gemacht.

Mehr dazu aber gleich.

Das Problem ist nämlich, dass die Sonne nicht auf die nackte Erde scheint, sondern durch die Atmosphäre hindurchstrahlt. Umgekehrt muss durch diese Luft auch die Wärmestrahlung hindurch, um weg von der Erde in den Weltraum zu gelangen. Die Luft nun verhält sich dabei recht kapriziös. Sie lässt die Wärmestrahlung nicht einfach so durch. Und das ist es, was wir als Treibhauseffekt bezeichnen.

6 Luft und Liebe

Erst mal eine kleine Begriffsklärung: Als Atmosphäre bezeichnen wir die Gesamtheit der Luft, welche die Erde umgibt. Luft verhält sich zur Atmosphäre etwa so wie Wasser zum Ozean. Die Luft selbst wiederum ist ein Gemisch aus Gasen, vorwiegend Stick- und Sauerstoff. Mit der Höhe wird die Luft dünner und kälter, aber das ewige Eis ist nun - angeblich - von Global Warming bedroht.

Ich schlage vor, wir schauen uns das mal an.

6.1 Dünner als man glaubt

Stellen Sie sich bitte ein Möbellager vor, in dem viele Matratzen, vielleicht 50 Stück, übereinander gestapelt sind. Wenn eine Matratze 20 kg wiegt, dann lastet auf der untersten ein Gewicht von fast einer Tonne, so als würde ein Kleinwagen auf ihr schlafen. So eine Matratze ist elastisch und wird unter dem Druck einigermaßen zusammengequetscht, vielleicht auf ein Viertel der ursprünglichen Dicke. Die Matratze eine Etage höher hat es nicht viel besser, aber die auf halber Höhe braucht nur das halbe Gewicht zu tragen und wird weniger zusammengedrückt. Die oberste hat es am besten, sie braucht kein fremdes Gewicht zu tragen.

Mit der Luft um uns herum ist es ähnlich. Die unterste Luftschicht muss das Gewicht der gesamten Luftmasse darüber tragen. Pro Quadratzentimeter ist das 1 kg, pro Quadratmeter 10 Tonnen. Dabei wird die Luft so stark komprimiert, dass auf Meereshöhe ihr Druck 100.000 Newton/m^2 beträgt. Aus naheliegenden Gründen wird dieser Druck auch als eine Atmosphäre (atm) bezeichnet oder auch als ein Bar. Wenn wir uns in die Höhe bewegen, dann lässt die Last der Luft, die noch getragen werden muss, nach. Deswegen lassen Dichte und Druck nach, die Luft wird dünner. In 6000 m sind Druck und Dichte nur noch die Hälfte, in 12.000 m ein Viertel und in 18.000 m ein Achtel, also nur noch 0,12 atm. Der Luftdruck geht nie ganz auf null, aber man hat sich darauf geeinigt, dass in 100 km Höhe die Atmosphäre endet und der Weltraum beginnt.

Die Luft besteht zu 78 % aus Stickstoff, einem Gas, das uns weder schadet noch nützt, und zu 21 % aus Sauerstoff. Das verbleibende Prozent teilen sich eine Reihe anderer Gase, von denen einige, trotz ihres geringen Anteils, eine große Rolle spielen.

Ab 3000 m Höhe bekommen wir nicht mehr genug Sauerstoff in unsere Lungen. Das liegt nicht daran, dass die Zusammensetzung der Luft sich ändern würde - es bleibt bis in große Höhe immer bei vier Fünftel Stick- und ein Fünftel Sauerstoff -, es liegt daran, dass die Luft insgesamt zu dünn geworden ist.

An Bord der Airliner, die in 12.000 m unterwegs sind, wird deswegen die Luft komprimiert, und zwar auf den Druck der etwa in 2500 m herrscht. Das genügt für entspanntes Atmen. Falls die Kompressoren ausfallen sollten oder ein Leck im Rumpf entsteht, fällt der Druck auf das Niveau der Außenluft in 12.000 m ab. Das ist etwa eine viertel Atmosphäre - viel zu wenig zum Überleben. Daher fallen bei der Gelegenheit die von den Stewardessen angekündigten Masken vom Himmel (Eine charmante Flugbegleiterin drückte sich im Safety Briefing einmal so aus: „... ziehen Sie die Maske zu sich herab und atmen Sie normal weiter. Versorgen Sie erst sich selbst, bevor Sie Kindern helfen oder Erwachsenen, die sich benehmen wie Kinder.").

Aus der Maske atmen wir dann reinen Sauerstoff, wobei der Druck aber nach wie vor nur eine viertel Atmosphäre beträgt. Da wir jetzt aber nicht mehr 78 % nutzlosen Stickstoff in unsere Lungen pumpen, kommen wir damit über die Runden. Übrigens reicht dieser Notsauerstoff gerade mal 15 oder 20 Minuten. So viel Zeit hat der Kapitän, um die Maschine auf eine Höhe von weniger als 3000 m zu bringen.

6.2 Ozon - mal gut, mal schlecht

Der Sauerstoff in unserer Luft ist übrigens nicht in der Form einzelner Atome unterwegs, sondern es schließen jeweils zwei Atome den Bund fürs Leben. Das entstandene O2-Molekül ist der normale Baustein des Luftsauerstoffs. Ganz selten finden sich aber auch drei Atome zu einer Ménage à trois zusammen und bilden ein O3-Molekül, genannt Ozon.

Auf eine Million normale O2-Moleküle kommen nur ein paar Moleküle Ozon, dennoch ist ihre Wirkung beachtlich.

Ozon hat die Eigenart, ultraviolette Strahlen, die von der Sonne kommen, zu blockieren. In großer Höhe, so etwa in 25 km, findet sich die höchste Konzentration von Ozon und bildet dort einen Schutzschild für die Erde. Würde die UV-Strahlung ungehindert auf uns Lebewesen einprasseln, dann ginge es uns schlecht. Es käme dann, unter anderem, zu einem deutlichen Ansteigen der Häufigkeit von Hautkrebs und zu Schädigungen der Augen. Eine Ausdünnung des Ozonschildes auf der Südhalbkugel („Ozonloch") hat mit seinen Auswirkungen Australien getroffen und dort entsprechende Schutzmaßnahmen notwendig gemacht. Dazu gehören Verzicht auf Sonnenbaden und Einsatz von Hautcreme mit hohem Schutzfaktor, welche die Rolle der Ozonschicht übernehmen soll. Soweit die wohltätige Wirkung von Ozon in großer Höhe.

Weiter unten, auf der Erdoberfläche ist Ozon ein weniger gern gesehener Gast. Es entsteht, wenn starke Sonneneinstrahlung auf Pkw- und Industrieabgase einwirkt, also in Gegenden, wo man ohnehin schon viel Smog hat. Ozon in unserer Atemluft kann dann zu Lungen- und Kreislaufbeschwerden führen. Der in der EU angestrebte maximale Grenzwert ist 60×10^{-9} (sechzig Milliardstel) Anteile Ozon in der Luft. Ozonweltmeister ist Mexico City, wo man schon den doppelten Wert gemessen hat. Kein Wunder: Diese Megastadt mit über 20 Millionen Einwohnern hat jede Menge Smog, starke Sonne und liegt auf über 2000 m Höhe.

Die Ozonverschmutzung in Städten und Industriegebieten ist ein Beispiel für ein lokales Umweltproblem: Der Schaden ist auf ein bestimmtes Areal begrenzt und Gegenmaßnahmen müssen vor Ort realisiert werden. Wenn Mexico City Ozonalarm hat (falls es da so etwas gibt), dann ist das für Guadalajara ohne Bedeutung. Umgekehrt muss man dann Verkehr und Industrie in Mexico City selbst drosseln, da kann und braucht Guadalajara nicht zu helfen. Das bodennahe Ozon verteilt sich nicht landesweit und erst recht nicht weltweit. Und wenn es das täte, dann würde die Konzentration dabei so verringert, dass es keinen Schaden mehr anrichten kann, unter anderem auch deshalb, weil das O3-Molekül nach einiger Zeit zerfällt.

Im Gegensatz zum städtischen Ozon sind sowohl das Ozonloch als auch das Kohlendioxid, das als Auslöser für die Erderwärmung verdächtigt wird, globale Probleme. Alle Menschen sind davon mehr oder weniger betroffen und mehr oder weniger alle müssen bei der Lösung mithelfen. Es bringt nichts, wenn ein paar europäische Länder ihren CO2-Ausstoß mit großem Aufwand reduzieren, während die BRIC-Staaten ein Kohlekraftwerk nach dem anderen bauen. Der Treibhauseffekt ist ein globales Problem, einfach deswegen, weil sich das in Russland oder Indien erzeugte CO2 über die gesamte Atmosphäre verteilt, bzw. weil die Erwärmung sich über den ganzen Globus ausbreitet.

Die öffentliche Diskussion von Umweltfragen wird dadurch verkompliziert, dass man zwischen den Kategorien global/lokal nicht konsequent unterscheidet. Wie immer wenn das Fachwissen fehlt, um klare Unterscheidungen zu machen, wirft man alles in einen Topf und wartet auf ein Wunder.

Wir haben uns jetzt drei Bestandteile der Luft angeschaut: Stickstoff, Sauerstoff und Ozon. Auf die anderen Gase, die sonst noch in der Atmosphäre unterwegs sind, werden wir nur eingehen, sofern sie zum Treibhauseffekt beitragen. Ozon ist zwar kein Treibhausgas, wir haben aber darüber gesprochen, weil oft Zweifel bestehen, ob Ozon denn nun etwas Gutes oder etwas Böses sei. Ich hoffe, ich konnte Ihre Zweifel ausräumen.

6.3 Warum liegt der Schnee auf den Bergen und nicht im Tal?

Ein Österreicher würde antworten: „Weil ma sonst ned Schifoan könnt." So einfach wollen wir es uns aber nicht machen.

In Kapitel 6.1 hatten wir gesehen, dass mit der Höhe Druck und Dichte der Luft abnehmen. Das ist aber nicht das Einzige was abnimmt. Auch die Temperatur nimmt ab.

Die Luft wird mit der Höhe immer kälter, und zwar um 6,5 °C pro 1000 m. Wenn es in Garmisch-Partenkirchen 10 °C hat, dann hat es 2300 m höher, auf der Zugspitze, 2300 / 1000 x 6,5 = 15 °C weniger als im Tal, also -5 °C. Das gilt auch für größere Höhen. Wenn man im

Jet in 10.000 m Höhe fliegt und am Boden 20 °C sind, dann hat es um den Flieger herum vermutlich 10.000 / 1000 x 6,5 = 65 °C weniger als am Boden, also -45 °C.

Manchmal gibt der Kapitän uns Passagieren solche Werte durch, weniger als nützliche Information denn als Kuriosität. Wir haben dann das kribbelnde Gefühl, in echt exotischer Umgebung unterwegs zu sein, und hoffen, dass der Flugzeugrumpf uns auch weiterhin davor schützen wird. Aber warum ist es da oben so kalt? Steigt denn die warme Luft nicht nach oben?

Das tut sie in der Tat, aber die Sache ist etwas komplizierter. Die Sonne heizt die Luft nicht direkt auf; sie scheint in erster Linie durch sie hindurch bis die Strahlung auf den Erdboden fällt und diesen aufwärmt. Der Boden steht in direktem Kontakt mit der Luft und gibt einen Teil der Wärme an sie weiter. Die Luft erwärmt sich, dehnt sich aus, wird dadurch leichter, und steigt nach oben, so wie über einer brennenden Kerze. So weit so gut.

Da der Luftdruck aber mit der Höhe abnimmt, wird sich die aufsteigende Luft noch weiter ausdehnen. Dabei passiert etwas Paradoxes: Durch die Expansion kühlt sie sich wieder ab. Wenn ihre Temperatur sich dann schließlich der Umgebungsluft angeglichen hat, dann steigt sie nicht mehr weiter in die Höhe. Jetzt ist sie auch nichts Besseres mehr als der Rest um sie herum und auf diesem Niveau bleibt die vormals warme Luft liegen.

Bei diesem Spiel stellt sich im Lauf der Zeit ein durchschnittlicher Temperaturabfall von 6,5 °C pro tausend Meter Höhe ein. Mit diesem Wissen können wir übrigens berechnen, wie sich die Schneegrenze mit der Erwärmung des Planeten - falls sie denn wirklich stattfindet - nach oben verschiebt. Wir werden das später tun.

Auf jeden Fall sind Schneegrenzen und Gletscher von großem Interesse für Klimaforscher. Etwas über das Ziel hinausgeschossen ist dabei allerdings das IPCC, das United Nations Intergovernmental Panel on Climate Change, sozusagen der Vatikan in Sachen Klimawandel. Im Januar 2010 veröffentlichte es einen Bericht, demzufolge die Gletscher des Himalaja bis zum Jahr 2035 mit 90 % Wahrscheinlichkeit verschwunden wären.

Reinhold Messner wäre dann 91 Jahre alt und könnte all die Achttausender noch mal barfuß, ohne Steigeisen machen.

Prüfen wir die Plausibilität dieser Behauptung mit unserer einfachen Formel: Damit alle Gletscher am Himalaja schmelzen, müsste die Schneegrenze in die Gipfelregionen ansteigen, also auf über 8000 m. Zurzeit liegt sie bei 4500 m. Das wäre ein Anstieg um 3500 m. Alle 1000 m sinkt die Temperatur um 6,5 °C, oder anders ausgedrückt, damit die 0°-Grenze um 1000 m ansteigt, müsste die globale Durchschnittstemperatur um 6,5 ° zunehmen. Für einen Anstieg von 3500 m müsste sich die Atmosphäre um 3500 / 1000 x 6,5 °C = 23 °C erwärmen.

Im Rahmen der aktuellen Diskussionen wird von Erderwärmung der Größenordnung 0,02 °C pro Jahr gesprochen. Und nach Meinung des IPCC soll sich die Erde in den nächsten 25 Jahren um 23 °C erwärmen? Hallo, aufwachen!

Die Veröffentlichung wurde vom IPCC relativ schnell zurückgezogen; man hat sich damit verteidigt, dass mit den entsprechenden Klimadatenbanken etwas in Unordnung gewesen wäre. So etwas kann vorkommen und ist verzeihlich. Unverzeihlich ist, dass keiner der Autoren oder der Korrektoren dieses höchsten internationalen Organs zur Klimakontrolle genügend von seinem Fach verstand, um unsere simple Rechnung nachzuvollziehen, die man in fünf Minuten auf dem Rücken eines Briefumschlages machen kann, um dann die ganze Studie samt Datenbanken auf den Müll zu werfen.

Unsere Rechnung ist natürlich eine recht ungenaue Abschätzung der Situation, aber lieber ungenau und richtig als genau und falsch. Aber wen schert das, wenn die Ideologie Vorrang vor der Wissenschaft hat. Verstehen Sie jetzt, was ich mit Grün und Dumm meine?

7 Treibhauseffekt

Wir sind jetzt an des Pudels Kern angelangt, an der Aussage, dass durch den von der Menschheit verursachten Anstieg der CO2-Konzentration in der Luft letztere sich erwärmt. Genau genommen spielen noch andere Gase eine Rolle, etwa Methan, welches z. B. durch landwirtschaftliche Aktivitäten in die Atmosphäre gelangt. Da aber die Klimapolitik mittels Carbon Trading, Energiewende und Windmühlen sich ausschließlich mit CO2 beschäftigt, wollen wir auch hier nur diesen zivilisatorischen Übeltäter unter die Lupe nehmen.

7.1 Treibhausgas Nummer 1

Wann waren Sie zum letzten Mal nachts in der Wüste? Ich war vor ein paar Monaten in der Karoo – einem Landstrich, dem man mit viel Wohlwollen auch das Kompliment „Halbwüste" machen könnte, weil alle paar Kilometer ein ausgedörrtes Grasbüschel steht. Die Karoo liegt in Südafrika und ist etwas größer als die Bundesrepublik. Je nach Gemütslage wird man diese Gegend entweder als großartig oder aber als trostlos bezeichnen. Falls ich Sie jetzt neugierig gemacht haben sollte, so soll mir das recht sein. Aber bitte verbringen Sie dort nicht Ihre Flitterwochen.

Als ich in mein Zimmer eincheckte, zusammen mit meinem Hund Snoopy, gab man mir den Tipp, lieber abends als in der früh zu duschen. Warum? Weil die Wasserleitungen während der Nacht regelmäßig einfrieren. Das erstaunte mich, denn tagsüber hatte es gut und gerne 30 °C – es war immerhin Spätsommer. Aber tatsächlich, trotz elektrischer Heizlüfter sank die Temperatur mit jeder Minute nach Sonnenuntergang drastisch ab, und ich stieg schließlich mit allen Klamotten, die ich mitgebracht hatte, am Leib, ins Bett und fror trotzdem noch wie ein Schneider. Das wäre nicht besonders romantisch für frisch Vermählte. Snoopy kam allerdings recht gut damit zurecht.

Der Grund für diese Situation ist, dass sich in der Luft über der Wüste nur relativ wenige Wassermoleküle herumtreiben. Luft von 20 °C kann bis zu 17 g Wasser pro Kubikmeter aufnehmen. Die Wassermoleküle fliegen einzeln in der Gegend herum und stoßen sich mit den Luftmolekülen. Die Luft ist dabei vollkommen transparent und es gibt keine Tröpfchen. Die maximale Menge Wasser, die pro m^3 gespeichert werden kann, hängt stark von der Temperatur ab. Bei 25 °C sind es immerhin schon 23 g/m^3. Die Luft kann natürlich auch weniger Wasser beinhalten als diesen Maximalwert, sie kann weniger feucht sein. Hätte 25 °C warme Luft beispielsweise nur 17 g/m^3 gespeichert, dann wäre sie nicht mit Wasser gesättigt und ihre relative Feuchtigkeit wäre nur 17 g / 23 g = 74 %.

Wenn Luft sich abkühlt, kommt es vor, dass das Wasser nicht mehr von der Luft absorbiert werden kann, und es bilden sich aus dem unsichtbaren gasförmigen Wasser kleine Tröpfchen. Das würde etwa passieren, wenn sich die oben erwähnte Luft von 25 °C mit 74 % Feuchtigkeit auf weniger als 20 ° abkühlt. Dann würde das Wasser kondensieren, dann würde es plötzlich sichtbar.

Wasser und Luft sind in unserer Atmosphäre in einem permanenten Wechselspiel. Über Ozeanen, Seen oder feuchtem Gelände lädt sich die Luft mit Wasser auf, und wenn die Temperatur fällt, dann kondensiert das Wasser, es bilden sich Wolken oder Nebel, Regen oder Tau. Dieser Prozess ist für unser tägliches Leben von großer Bedeutung. Er stellt einen großen Teil dessen dar, was als Wetter bezeichnet wird.

Aber die Verteilung von Wasser in der Luft ist noch anderweitig von Bedeutung. Das gasförmige, unsichtbare Wasser in der Atmosphäre ist ein „Treibhausgas", d. h. es lässt die Sonnenstrahlen ziemlich ungehindert durch, aber es absorbiert die von der Erde abgegebene, langwellige Wärmestrahlung. Das führt dazu, dass letztere Wärmestrahlung nicht weit kommt: Sie bleibt in den Wassermolekülen hängen und heizt die Atmosphäre auf bzw. sorgt dafür, dass sich die Luft nachts durch Abstrahlung von Wärmewellen weniger abkühlt. Ist die Luft aber sehr trocken, so wie in der Wüste, dann geht die Wärmestrahlung von der Erdoberfläche ungebremst in den Weltraum und es wird nach Sonnenuntergang saukalt. Am Strand oder besonders auf einer einsamen Insel sind die Flitterwöchner daher besser aufgehoben: Hohe Luftfeuchtigkeit bedeutet, dass keine Wärmestrahlung in den Weltraum entweicht, die Insel bleibt also auch nachts warm.

Bleibt nur noch eine Frage zu beantworten: Warum führt das Wasser in der Luft dann nicht zu einer grenzenlosen Erwärmung der Erde? Warum steigt die Temperatur in den Feuchtgebieten dieser Erde dann nicht beliebig hoch? Höhere Temperaturen führen doch dazu, dass mehr Wasser in der Luft ist, mehr Wasser in der Luft führt zu stärkerer Abschirmung der Abstrahlung von Wärme ins Weltall, das führt zu weiterer Erwärmung etc. Warum findet dieser Teufelskreis nicht statt?

Der Grund ist, dass, egal wie warm es ist, sich früher oder später Wolken bilden. Je wärmer es wird, desto wasserreicher werden diese Wolken. Wenn Sie auf einer tropischen Insel schon mal in den typischen nachmittäglichen Regen gekommen sind, dann können Sie das vielleicht bestätigen. Nach 5 Sekunden sieht man aus, als würde man an einem Wet-T-Shirt-Contest teilnehmen und nach 10 Sekunden ist einem auch das egal. Man kapituliert vor den tropischen Kaskaden.

Solche Wolken sehen aus der Fußgängerperspektive dunkel aus, aber falls Sie aus dem Flugzeug von oben draufschauen, dann sind sie blendend weiß. Das deutet darauf hin, dass sie das Sonnenlicht reflektieren, mit anderen Worten, sie sorgen dafür, dass so gut wie keine Sonnenenergie mehr zur Erde vordringt, sie wird in den Weltraum zurückgelenkt. Kein Wunder also, dass die Wolken von unten dunkel aussehen.

So ist das in der Luft verteilte unsichtbare, gasförmige Wasser zwar einerseits ein Treibhausgas – und zwar das mit der höchsten Konzentration in der Atmosphäre – aber durch die Wolkenbildung kann es keine kontinuierliche, ungebremste Erwärmung der Erde auslösen.

7.2 Noch ein Treibhausgas

Lassen Sie uns noch nach anderen Treibhausgasen in der Atmosphäre suchen. Das sind also Gase wie Wasserdampf, welche das sichtbare Sonnenlicht so ziemlich ungehindert durchlassen, die aber die längerwellige Wärmestrahlung, die von der erwärmten Erde emittiert wird, absorbieren. Offensichtlich sind die beiden Hauptbestandteile der Luft, nämlich

Stick- und Sauerstoff, keine Treibhausgase; sie lassen die Wärmestrahlung der Erde ungehindert in den Weltraum entweichen. Darum wird es ja in der Wüste nachts so kalt.

Stickstoff wird von den Chemikern N2 geschrieben, Sauerstoff ist O2 und Wasser bekanntlich H2O. Stickstoff tritt also in der Luft als Molekül auf, das aus zwei Stickstoffatomen besteht, und mit dem Sauerstoff ist es nicht viel anders. Wasser dagegen ist ein Molekül, welches aus drei Atomen besteht.

Die Erfahrung zeigt nun, dass ein Molekül, welches zu einem Treibhausgas taugen soll, aus mindestens drei Atomen bestehen muss, oder aber aus zwei Atomen, die nicht identisch sind. Einatomige Gase, wie etwa das Edelgas Argon, welches immerhin fast 1 % der Erdatmosphäre ausmacht, sind keine Treibhausgase.

Was fallen uns dann an Kandidaten ein? CO, also Kohlenmonoxid, ist ein Molekül, welches offensichtlich aus zwei verschiedenen Atomen besteht, also ein Treibhauskandidat. Glücklicherweise kommt es in der Luft nur in solch geringer Konzentration vor, dass wir es vergessen können. Auch wenn die Konzentration höher wäre, würden wir uns um den CO-Treibhauseffekt nicht den Kopf zerbrechen - das Zeug ist nämlich so giftig, dass wir andere Sorgen hätten.

Versuchen wir's mal mit dem größeren Bruder von CO, nämlich CO2, Kohlendioxid. Es ist ein Molekül, welches aus drei Atomen besteht und in der Luft mit einer Konzentration von 0,039 % vorkommt. Wenn wir hier von Prozenten reden, dann beziehen wir uns übrigens nicht auf das Gewicht, sondern auf die Zahl der Moleküle. 0,039 % heißt, dass von 100 Molekülen in der Luft durchschnittlich 0,039 CO2 wären. Das ist schwer vorzustellen, man rechnet daher besser mit ppm = parts per million. 0,039 % ist 390 ppm. In einer Million Luftmoleküle wären dann etwa 390 Moleküle CO2. Das ist nicht viel. Es ist etwa so, wie wenn 390 Schlachtenbummler einer Provinzmannschaft in die Millionenstadt München einziehen, wo ihr Verein gegen Bayern spielt. Die paar Schlachtenbummler gehen in der Menge unter, zumindest solange sie noch nüchtern sind.

Vergleichen wir die Konzentration von CO_2 mit der von H_2O: Wir hatten gesagt, dass Luft von 20 °C maximal 17 g Wasser pro m^3 aufnehmen kann. Wenn man das umrechnet, dann sind das etwa 2 % oder 20.000 ppm Wasser in der Luft. Das wäre dann vergleichbar mit den 20.000 Fans von Bayern München, die ebenfalls in der Stadt umherziehen. Die fallen schon mehr auf. Warum dann spielt das relativ seltene CO_2 so eine große Rolle? „Schaun wir mal", würde Franz Beckenbauer sagen.

7.3 Von Glas- und Treibhäusern

Vorher aber noch eine Klarstellung: Die Bezeichnung *Treibhauseffekt*, im Englischen *Greenhouse Effect*, ist sachlich nicht ganz richtig. Zwar ist es in derartigen Häusern warm, die Ursachen dafür sind aber weder Wasserdampf noch CO_2.

In Kapitel 4.3 hatten wir uns einem Blech in der Sonne gewidmet und ausgerechnet, dass es sich auf 56 Grad aufheizt, sofern wir kühlenden Luftzug davon fernhalten. Genau das tut man in Treibhäusern. Man nimmt den Sonnenschein als Heizquelle und sorgt dafür, dass es nicht zieht. Dazu stattet man solche Häuser mit möglichst großen verglasten Flächen aus, um das Sonnenlicht hereinzulassen, und dann achtet man darauf, dass Fenster und Türen geschlossen bleiben.

Im 18. und 19. Jahrhundert erfreuten sich derartige Bauten beim europäischen Hochadel großer Beliebtheit. Man fügte an die Residenzgebäude Orangerien und Wintergärten an, um dort exotische Dinge zu züchten, die bislang tropischen Regionen vorbehalten waren.

H_2O und CO_2 sind nicht die Ursache dafür, dass es in Treibhäusern so schön warm ist, sondern es ist das Glas. Die sogenannten Treibhausgase spielen also in Treibhäusern keine Rolle.

Falls Sie keine Orangerie haben, dann können Sie diesen Treibhauseffekt auch beobachten, indem Sie Ihr Auto eine Weile mit geschlossenen Fenstern in die pralle Sonne stellen. Die Innentemperatur steigt dann problemlos auf 40 oder 50 Grad, obwohl man im Freien einen Pullover braucht. Und auch das funktioniert ohne H_2O oder CO_2 im Auto.

TEIL 3

MUSS DER MENSCH SICH ÄNDERN, DAMIT SICH DAS KLIMA NICHT ÄNDERT?

Diese Frage wird im kommenden Teil des Buches behandelt - mit Hilfe der Werkzeuge des logischen Verständnisses, die wir uns im vergangenen Teil zurechtgelegt haben. Keine einfache Sache bei einem Thema, welches von Ideologie und wirtschaftlichen Interessen voll in Beschlag genommen wurde.

8 Der Klimawandel

Wir kommen zum zentralen Thema des Buches, zu den Fragen, ob die Erde sich erwärmt, ob das die Schuld der Menschen sei und was man dagegen tun könne.

8.1 Das Grüne Manifest

Die internationale Klimapolitik basiert auf sechs Thesen, die zusammen das Grüne Manifest ergeben. Ich habe diese auf der nächsten Seite zusammengestellt.

Falls eine der sechs unrichtig wäre, so würde das ganze Manifest keinen Sinn ergeben. Wenn sich etwa herausstellte, dass der Anteil von CO2 in der Atmosphäre gar nicht zugenommen hätte, dann hätten politische Konsequenzen, die aus dem Manifest abgeleitet würden, nicht den gewünschten Einfluss aufs Klima.

Bevor wir uns aber darauf stürzen, die verschiedenen Thesen als unrichtig oder richtig zu bewerten, ist es notwendig, ein paar Betrachtungen zu den Attributen richtig/falsch, wahr/unwahr anzustellen. Der Philosoph Ludwig Wittgenstein definierte einmal: „Die Welt ist alles, was der Fall ist." Böse Zungen haben daraus das Bonmot gedreht: „Die Um-Welt ist alles, was nicht der Fall ist." Ich möchte Sie, lieber Leser, dazu in die Lage versetzen, sich selbst ein Urteil über letztere Aussage zu bilden.

8.2 Alles, was der Fall ist

Lassen Sie uns zunächst die Welt in zwei Domänen teilen. Domäne A beherbergt all die Dinge, über die wir Wissen haben, in Domäne B ist der Rest. Wir wissen, dass die Erde eine Kugel ist, also „Form der Erde" gehört in die Domäne A. Wir wissen nicht, ob es auf anderen Planeten Tiere oder Pflanzen gibt, also „Extraterrestrisches Leben" gehört nach B.

DAS GRÜNE MANIFEST

1 

Die globalen Temperaturen steigen

2 

Die Konzentration von CO_2 in der Atmosphäre wächst

3 

Die Zunahme von CO_2 ist durch den Menschen verursacht

4 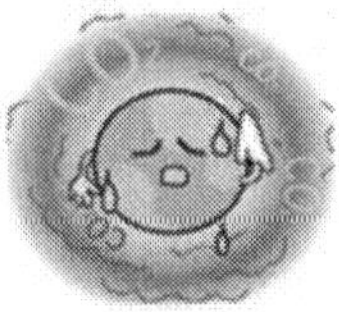

Die Erderwärmung ist durch die Zunahme von CO_2 verursacht

5 

Die Erwärmung gefährdet Lebensräume von Mensch und Tier

6 

Um zu überleben müssen wir den Ausstoß von CO_2 stoppen

Wenn ich sage „wir wissen“, dann ist damit der aktuelle Wissensstand der Menschheit gemeint; es soll nicht heißen, dass jeder einzelne Mensch das weiß. Je höher der Prozentsatz von Domäne A, den einzelne Personen beherrschen, desto gescheiter sind sie, desto höher ist letztlich auch der Entwicklungsstand der Gesellschaft.

Die Elemente in Bereich A werden als Tatsachen oder Fakten bezeichnet. Es hat sich herausgestellt, dass Entscheidungen, die auf Fakten beruhen, eher zum Erfolg führen als andere. Ein Seefahrer, der die Erde für eine Kugel hält, wird mehr Erfolg haben als einer, der an eine Scheibe glaubt. Die großartige Leistung von Columbus war ja, dass er als erster die Kugelgestalt ernst nahm. Als er weit hinaus auf den Atlantik gefahren war, zu einem Punkt, an dem die Vorräte gerade noch für eine Rückkehr an den Ausgangshafen gereicht hätten, beschloss er dennoch, weiter geradeaus zu segeln, weil er wusste, man würde früher oder später um die Erde rum sein. Ein mutiger Mann, der seinem Verstand vertraute.

Umgekehrt gibt es Menschen, die zu Elementen in Bereich A Meinungen haben, die den Fakten widersprechen. Es gibt Individuen, die halten sich für Napoleon, obwohl der längst tot ist. Das sind persönliche Illusionen, die für Psychologen interessant sind. Es gibt aber auch Gruppen, die sich auf solchen Nonsens einigen. So ist es beispielsweise Fakt, dass sich der Homo sapiens im Laufe der Zeit aus anderen Lebewesen entwickelt hat. All die physiologischen Ähnlichkeiten, die Übereinstimmung der Erbinformation zwischen Mensch und Tier, die Funde von Gebeinen lassen keinen Zweifel daran: Der Mensch stammt vom Tier ab, oder besser ausgedrückt, wir sind auch nichts anderes, als eine Spezies im Reich der Tiere. Wir wissen, dass dies der Fall ist - spätestens seit Charles Darwin.

Es gibt da aber die Kreationisten, welche überzeugt sind, dass der Mensch durch einen ganz speziellen Schöpfungsakt entstand, dass er nicht Resultat von Jahrmillionen der Evolution sei. Solche Behauptungen bezeichnen wir im Alltag als Lügen; wir wollen sie hier aber „Artefakte“ nennen, d. h. künstlich geschaffene Fakten, welche nicht der Fall sind.

Mit Artefakten untrennbar verbunden sind Tabus, nämlich Spielregeln oder Vorschriften, die von uns fordern, bestimmte Fakten zu negieren oder zumindest nicht über sie zu reden. Sie wollen ein Beispiel? Auf Ihre Verantwortung! Man kann nämlich ein Tabu nicht erwähnen, ohne es gleichzeitig zu brechen. Nehmen wir etwas Harmloses:

Es ist Fakt, dass praktisch alle technologischen Erfindungen von Männern gemacht wurden. Diese Tatsache ist aber ein Tabu, denn sie steht im Widerspruch zu dem Artefakt, Frauen und Männer seien für alle Aufgaben in gleichem Maße geeignet. Wenn Sie jetzt protestieren, dann ist das ein Hinweis darauf, dass ich tatsächlich ein Tabu gebrochen habe. Tabus dienen manchmal dazu, eine bestimmte schwache Personengruppe zu schützen. Solch eine Gruppe wird dann als „Minderheit" bezeichnet. Häufiger sind Tabus jedoch Instrumente der Mächtigen, mit denen diese ihre Position schützen. Die Gesamtheit der gängigen Tabus wird als „Political Correctness" bezeichnet.

Soweit Domäne A. Sie ist also der Lebensraum von Fakten, Tabus und Artefakten.

8.3 Ich weiß, dass ich nichts weiß

Über die Elemente in Domäne B wissen wir nichts, so viel wissen wir zumindest, das hatte schon Plato herausgefunden. Dennoch stoßen wir auch hier häufig auf Meinungen oder Überzeugungen. Es gibt Leute, die sind sich sicher, dass es auf anderen Planeten Leben gibt. Das ist harmlos genug, solange die Gläubigen nicht versuchen, dem Rest der Menschheit ihre Meinung aufzuzwingen.

Es gibt eine kontinuierliche Ausdehnung der Domäne A auf Kosten der Domäne B; dieser Prozess wird Fortschritt genannt. Die Branche, die sich dieser Aufgabe widmet, heißt Wissenschaft - weil sie Wissen schafft. Der Wissenschaftler hat weder eine Meinung noch eine Überzeugung bezüglich des Themas in Domäne B, das er untersucht; er stellt eine Hypothese auf und versucht dann, diese zu bestätigen oder zu widerlegen. Beide Ausgänge müssen ihm gleich lieb sein, sonst kann er keine objektive wissenschaftliche Arbeit leisten. Kann er seine Hypothese weder widerlegen noch bestätigen, dann hat Domäne B erfolgreich ein Stück

Terrain gegen Domäne A verteidigt, dann ist der Wissenschaftler (vorerst) gescheitert.

Vor 40 Jahren stellte der britische Physiker Peter Higgs die Hypothese auf, es gäbe ein bestimmtes Elementarteilchen, das allen anderen Teilchen ihre Masse verleiht, und damit auch der uns umgebenden Materie. Dieses Higgs-Boson, manchmal „Gottesteilchen" genannt, konnte bisher, trotz gigantischen Forschungsaufwandes, nicht nachgewiesen werden. Es lebt weiter als Hypothese in Domäne B und wartet darauf, entweder bewiesen oder widerlegt zu werden.

Im Zusammenhang mit Global Warming hat man nun aber noch eine weitere Modalität im Umgang mit Hypothesen erfunden. Falls man sie weder widerlegen noch beweisen kann, so findet man unter Experten Konsens, ob sie richtig oder falsch sind, mit anderen Worten, man einigt sich auf eine Lüge - und die fällt meist so aus, wie es politisch opportun ist.

8.4 *Hypothesen, Fakten und Tabus zum Klima*

Was ich Ihnen in den Kapiteln 3 bis 7 über die physikalischen Zusammenhänge in Sachen Klima dargelegt habe, stammt übrigens alles aus Domäne A. Es ist seit Jahrzehnten oder Jahrhunderten bekannt; es handelt sich um gesicherte Erkenntnisse, um Fakten, und nichts davon liegt an der vordersten Front wissenschaftlicher Forschung. Jeder Fachmann würde Ihnen mehr oder weniger dasselbe sagen, wenn auch vielleicht nicht ganz so anschaulich.

Bei unseren weiteren Untersuchungen verlassen wir aber gelegentlich dieses sichere Terrain. Wir müssen Dinge in Domäne B diskutieren, die wissenschaftlich nicht gesichert sind, zu denen es keine allgemein akzeptierten Erkenntnisse gibt. Und wir werden untersuchen, welche Konsequenzen wir trotz dieser Unsicherheiten ziehen können.

Wir werden Fakten und Artefakten, Lügen und Tabus, Konsens und Nonsens begegnen. Ich helfe Ihnen dabei, zu einem eigenen Urteil zu kommen, welches von sachlichem Verständnis geprägt ist und nicht von ideologischer Zugehörigkeit. Damit möchte ich einen Beitrag zur

Aufklärung leisten, welche gemäß Immanuel Kant (übrigens Jahrgang 1724) folgendermaßen definiert ist:

„Aufklärung ist der Ausgang des Menschen aus seiner selbstverschuldeten Unmündigkeit. Unmündigkeit ist das Unvermögen, sich seines Verstandes ohne Leitung eines anderen zu bedienen. Selbstverschuldet ist diese Unmündigkeit, wenn die Ursache derselben nicht am Mangel des Verstandes, sondern der Entschließung und des Mutes liegt, sich seiner ohne Leitung eines andern zu bedienen. Sapere aude! Habe Mut, dich deines eigenen Verstandes zu bedienen."

9 Hypothese 1

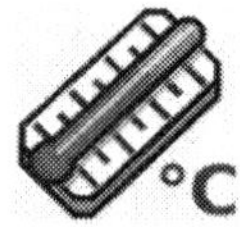

1 **Die globalen Temperaturen steigen**

9.1 Wer sagt das?

Wer sagt eigentlich, dass die Erde sich erwärmt, und wenn ja, um wie viel? Was sind die Indizien? Wie soll man überhaupt Veränderungen um Bruchteile eines Grades über Jahrzehnte messen, wenn die Temperaturen von Tag auf Nacht, von Sommer auf Winter, von Norden nach Süden schon um 20 oder 30 Grad variieren?

Das Klügste, was man machen kann, ist, an vielen verschiedenen Orten die Temperatur kontinuierlich zu messen, aufzuzeichnen und dann für jeden einzelnen Messpunkt den Mittelwert für das Jahr zu berechnen. Dadurch verschwinden die Tag/Nacht- und Sommer/Winter-Schwankungen. Wenn man jetzt noch über all diese verschiedenen

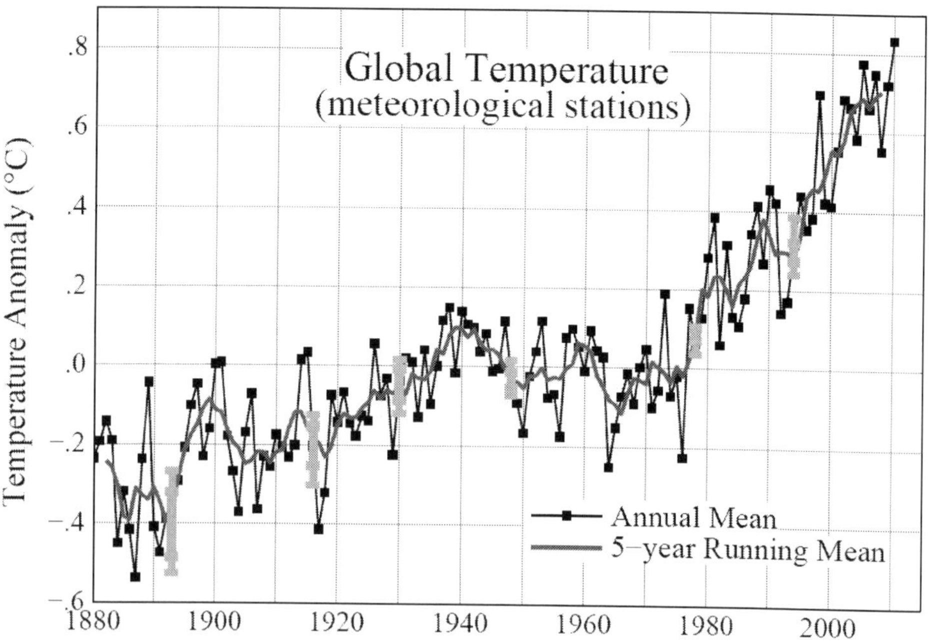

Messstationen mittelt, dann kompensieren sich auch geographische Besonderheiten und man erhält für jedes Jahr einen globalen Mittelwert.

Dieser ist auf der Graphik links für jedes Jahr seit 1880 durch einen rechteckigen Punkt dargestellt. Auf der vertikalen Skala hat man willkürlich die Mitteltemperatur von 1980 als Bezugswert („Anomalie" = 0 Grad) gewählt. Ausreißer nach oben und unten signalisieren besonders kalte oder besonders heiße Jahre. Wenn man dann diese Punkte noch über 5 Jahre zusammenfasst, dann bekommt man die Kurve, in der die jährlichen Schwankungen kaum noch hervortreten.

Man erkennt also, dass die globale mittlere Jahrestemperatur in den 130 Jahren von 1880 bis 2010 um etwa 1,0 Grad angestiegen ist, von -0,3 auf +0,7. Man sieht auch, dass von 1940 bis 1980 die Temperatur gleich geblieben ist und dass es ab 1980 mit durchschnittlich 0,02 Grad pro Jahr wärmer geworden ist, sodass wir heute bei +0,7 °C Anomalie, d. h. im Vergleich zu 1980, gelandet sind.

9.2 Kann man das glauben?

Um 1880 war man sicherlich schon in der Lage, Thermometer zu bauen, die zehntel Grade messen konnten. Die Aufzeichnungen wurden vermutlich meist von Angehörigen der Streitkräfte des jeweiligen Landes durchgeführt, wir können also militärische Disziplin bei der Ausführung unterstellen.

Es wird trotzdem von manchen bezweifelt, dass die historischen Aufzeichnungen Beweis für die Erwärmung der Atmosphäre wären, und das ist erst einmal die vernünftigste Haltung, die man einnehmen kann. Man muss seine Beobachtungen ständig in Zweifel ziehen, insbesondere wenn man vielleicht eine Vorliebe für dieses oder jenes Resultat haben sollte.

Eine Fehlerquelle, auf die man nach einigem Nachdenken kommt, ist folgende: Vermutlich befanden und befinden sich viele Wetterstationen in der Nähe von Ballungsgebieten. Während der vergangenen 130 Jahre sind die Einwohnerzahlen dort stark angestiegen und so auch der Energieverbrauch in Form von Holz, Kohle, Gas oder Elektrizität für Wohnung und Industrie. All das hat zur Erwärmung der Umgebungsluft der Städte beigetragen, und zwar nicht durch Treibhauseffekt, sondern durch direkten Kontakt der Umgebungsluft mit den Häusern und Fabriken. Fachleute haben das den „Urban Heat Island Effect = städtischer Hitzeinsel-Effekt“ getauft.

Was gemessen wurde, war also nicht genau die Durchschnittstemperatur der Erdatmosphäre, sondern eine Temperatur, bei der Ballungsgebiete überrepräsentiert waren und einen verfälschenden Einfluss auf die Daten hatten. Hätte man alle Wetterhäuschen weit weg von Städten aufgestellt, dann wäre vielleicht etwas anderes herausgekommen.

Es gibt noch andere Gründe, warum die historischen Daten nicht ungeprüft eins zu eins in die Klimastatistik übernommen werden können. Zweifellos wird es irgendwo Widersprüche zwischen den Daten aus der Unzahl verschiedener Quellen geben. Ein Thermometer war vielleicht defekt, ein anderes war der Sonne zu stark ausgesetzt, die Ablesungen fanden vermutlich nicht überall zur gleichen Tageszeit statt etc. Allerdings wissen wird heute nicht unbedingt, welche Messungen fehlerhaft waren, wir erkennen nur Diskrepanzen zwischen den Zahlen. Welche sollen wir verwerfen, welche ernst nehmen?

Wenn wir die Klimadaten sortieren, homogenisieren oder korrigieren und gleichzeitig dabei erhoffen, einen Temperaturanstieg nachweisen zu können, bzw. gerade das Gegenteil belegen wollen, dann müssen wir enorm aufpassen, dass wir die Daten nicht so hinbiegen, wie wir es gerne hätten. Es gibt drei editierte Zusammenstellungen dieser historischen Temperaturaufzeichnungen; sie stammen von der NASA, von der amerikanischen National Oceanic and Atmospheric Administration (NOAA) und aus einer Kooperation des britischen meteorologischen Büros mit der Climate Research Unit der University of East Anglia. Gegen letzteres Institut waren schwere Vorwürfe wegen wissenschaftlicher Unkorrektheiten erhoben worden, unter anderem im Zusammenhang mit „Climategate“; Skepsis ist also angebracht.

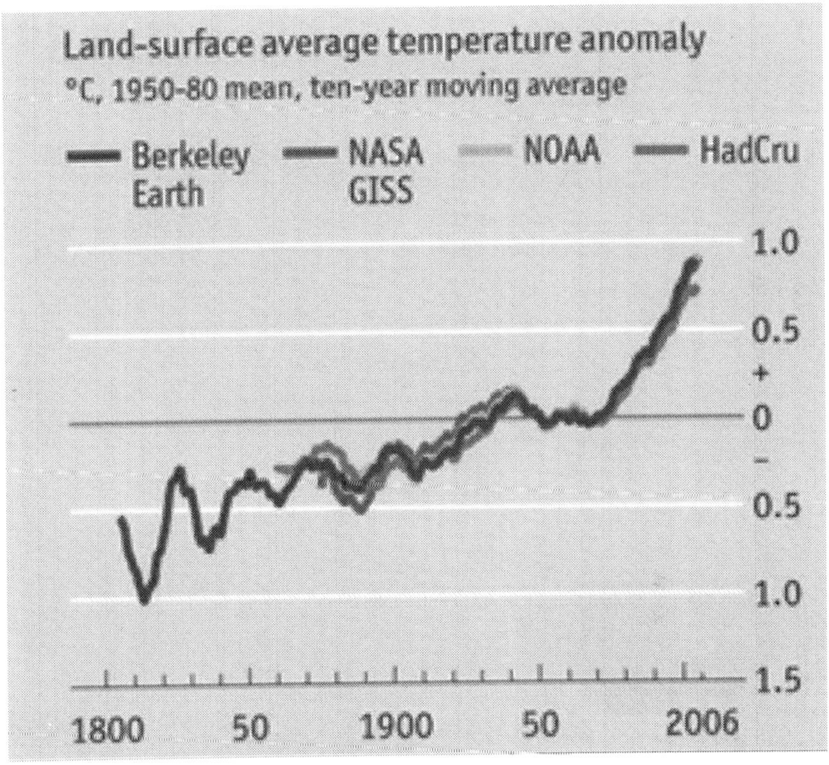

So hat sich eine vierte Gruppe gebildet (Berkeley Earth Surface Temperature = BEST), welche die Ergebnisse der drei oben erwähnten gründlich unter die Lupe nahm und auf Konsistenz prüfte. Zu dieser Gruppe gehört unter anderem der Physiker Saul Perlmutter. Das gibt etwas Vertrauen, denn könnte man *ihm* Manipulation in Sachen Klimadaten nachweisen, dann würde seine übrige wissenschaftliche Tätigkeit auch in anderem Licht gesehen, einschließlich seiner Arbeit über dunkle Energie, die ihm 2011 den Physik-Nobelpreis verschafft hat.

Die BEST-Gruppe fand heraus, dass die übrigen drei Gruppen vertrauenswürdige und übereinstimmende Ergebnisse erarbeitet hatten, und hat ihrerseits eine Synthese aus den drei Ergebnissen geschaffen. Da bleibt dann kaum noch Raum für Zweifel und es wir einmal mehr bestätigt: Es wird wärmer mit etwa 0,02 Grad Celsius pro Jahr.

Die USA betreiben seit 1956 eine permanent bemannte Station direkt am Südpol. Das Terrain dort liegt 2835 m über dem Meeresspiegel, das ist etwa das Niveau des Gipfels der Zugspitze. Auf dieser Höhe haben wir bereits in Bayern mehr oder weniger ewigen Schnee. Entsprechend kälter ist es am Südpol: Im Sommer sind es so um die -30 °C, im Winter geht's runter auf -60 °C. Im Jahresdurchschnitt bringt es das Thermometer auf etwa -50 Grad.

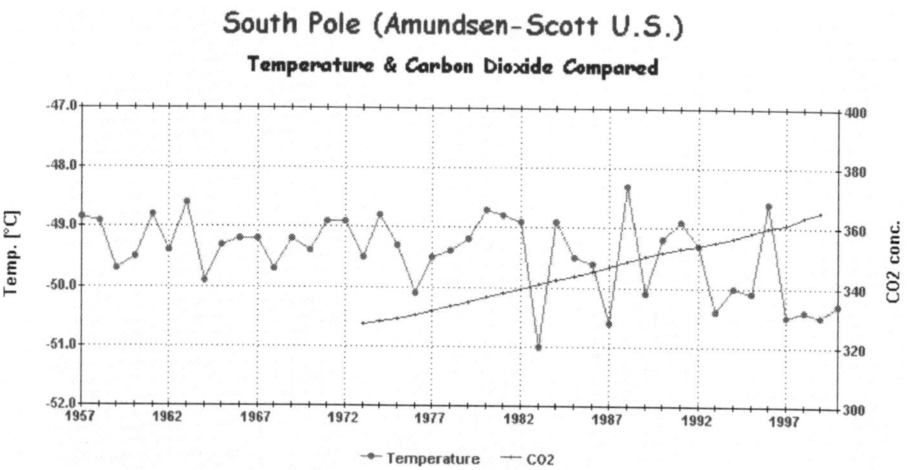

Die Graphik oben zeigt die mittleren Jahrestemperaturen von 1957 bis 2000. Die Werte zeigen unsystematische Schwankungen von Jahr zu Jahr, aber es hat dennoch den Anschein, als wäre es im Durchschnitt um ein paar Zehntel Grade kälter geworden. Für den gleichen Zeitraum 1957-2000 hatten wir bei den globalen Durchschnittstemperaturen (vorletzte Graphik) ganz klar einen Anstieg beobachtet, und zwar von etwa 0,5 °C.

Woher kommt der Unterschied? Wir haben uns den Südpol ausgesucht, weil wir sicher sein können, dass es dort keine Ballungszentren gibt und der Urban Heat Island Effect (UHIE) dort keine Rolle spielt. Man kann auch davon ausgehen, dass die Spezialisten, die dort Temperaturen gemessen haben, das richtig gemacht haben. Wir haben also zunächst keinen Grund, an den Daten zu zweifeln.

Wir könnten jetzt schlussfolgern, dass tatsächlich der UHIE die globalen Temperaturdaten verfälscht und ein Global Warming vorgetäuscht hat. Aber das wäre voreilig. Wir sollten noch nach anderen Indikatoren suchen. Schauen wir doch mal zum Nordpol.

9.4 Von Eiskappen und Eisbären

Am Nordpol, wo es im Sommer etwa so kalt ist, wie bei uns in einem sanften Winter, könnte man es sich als Meteorologe wesentlich gemütlicher einrichten als am Südpol. Das Problem ist, dass man dort keinen festen Boden unter den Füßen bekommt. Der Nordpol liegt im Gegensatz zum Südpol im Meer. Man könnte sich mit einem Thermometer und ein paar guten Flaschen Scotch auf einer Eisscholle einrichten, aber es gäbe dann keine Garantie, dass diese immer am gleichen Fleck bliebe. Doch auch ohne präzise Messungen durch unsere Wissenschaftler haben wir gute Hinweise für die Temperaturentwicklung da oben.

Als besonders sensibler Nachweis der Erderwärmung wird von Umweltaktivisten gerne das Schrumpfen der sommerlichen Eiskappe angeführt, meist in Verbindung mit dem Foto eines Eisbären, der auf schmelzender Scholle seinem Untergang entgegensieht. Wie plausibel ist das alles?

Lassen Sie uns erst einmal zwischen Eisbergen und polarem Eis unterscheiden. Eisberge sind Bruchstücke von Gletschern, die vom Festland ins Meer gerutscht sind und jetzt im Salzwasser dümpeln. Das passiert z. B. an den Küsten von Grönland, Patagonien oder der Antarktis. Wir interessieren uns aber für das Eis, welches entsteht, weil das Meerwasser im Winter friert. Dabei wird die Oberfläche des Polarmeeres mit einer zunehmend dicken Eisschicht bedeckt, die dann im drauffolgenden Sommer teilweise wieder schmilzt.

Bedenken Sie, dass hier im Winter die Sonne so gut wie nie scheint, während sie im Sommer andauernd am Himmel ist. Die polare Eisfläche schrumpft und wächst also kontinuierlich im Jahresrhythmus, und zwar ganz gewaltig. Die lieben Eisbären haben sich bereits seit Millionen von Jahren an diesen Zyklus angepasst, sonst hätten sie nicht überlebt. Wenn uns entsprechende Fotos weismachen wollen, dass den

Vierbeinern die Scholle unter den Tatzen wegschmilzt, weil wir so viel CO2 in die Luft blasen, dann ist das an Leute gerichtet, die man für grün und dumm hält - nicht an uns.

Was uns als Maß für eine mögliche globale Erwärmung interessiert, ist die Eisfläche, die am Ende des Sommers, also im September, noch nicht geschmolzen ist.

Wir vermuten ja, dass die mittlere globale Jahrestemperatur von 1979 bis 2010 um 0,6 °C gestiegen ist. Kann diese geringe Erwärmung einen sichtbaren Effekt auf die Größe der Eiskappe gehabt haben?

Sicher ist es Ihnen nicht verborgen geblieben, dass die mittlere Jahrestemperatur von der geographischen Breite abhängt, oder anders ausgedrückt, je näher am Nordpol, desto kälter, je näher am Äquator, desto wärmer. Kann man das irgendwie in Zahlen ausdrücken? Der Äquator ist der „nullte" Breitengrad, nach Norden hin nehmen die Breitengrade zu, sodass Sie in Bayern auf 48° und in Schleswig Holstein auf 55° kommen. Der Nordpol liegt natürlich auf 90°, wobei der neunzigste Breitengrad gar kein schöner großer Kreis mehr ist, sondern ein auf die Größe eines Serviettenringes zusammengeschnurrter Kringel.

Als Arktis bezeichnen wir den Teil des Globus, der nördlich des 67. Breitengrades, nördlich des Polarkreises liegt. Wer hat sich das ausgedacht? Die Sonne. In dieser Region geht sie, salopp gesagt, im Sommer nie unter und im Winter nie auf. Im Zentrum dieser flachen, kreisförmigen Kappe von gut 5000 km Durchmesser liegt natürlich der Nordpol, der sich im Sommer einer angenehmen Durchschnittstemperatur von 0 °C erfreut. Bitte fragen Sie jetzt nicht, ob das tags oder nachts ist - im Sommer gibt es da nur Tag, weil die Sonne da permanent am Himmel steht, wenn auch nicht so hoch wie in Rio oder auf Gran Canaria.

Vom Nordpol in Richtung Süden - das ist übrigens die einzige Himmelsrichtung, die es da gibt - wird es immer wärmer, und so ganz ungefähr in der Nähe des Polarkreises haben wir eine durchschnittliche Juli-Temperatur von 10 °C. Auf dem Bild auf der vorigen Seite ist das durch eine rote Linie, eine Isotherme, eingezeichnet.

Auf eine Strecke von rund 2500 km, vom Pol zum Polarkreis, nimmt die Temperatur also um 10 °C zu, oder anders ausgedrückt, alle 250 km um 1 °C.

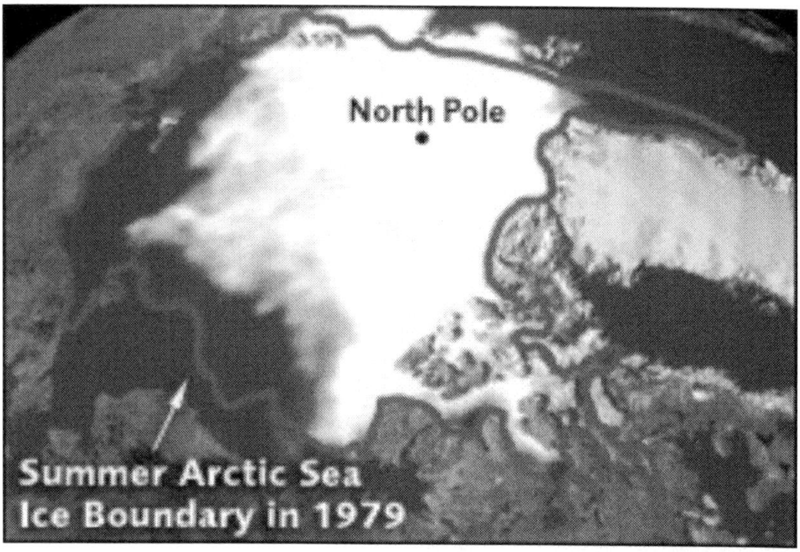

Die Eiskappe entsteht dadurch, dass das Seewasser im Winter zu Eis wird. Das passiert bei minus 1,8 °C, und nicht bei 0 °C, weil der Gefrierpunkt durch das Salz im Meer zu niedrigeren Temperaturen wandert – sie kennen den Trick von unseren winterlichen Straßen, wo durch Streuung von Salz die Bildung von Glatteis verhindert wird. Diese Eiskappe, die am Pol die Dicke von ein paar Metern hat, schwimmt nun wie ein riesiger Pfannkuchen auf dem arktischen Meer. Die Kappe schmilzt im Sommer vor sich hin und schrumpft gegen Ende des Sommers auf ein Minimum, um dann im Winter wieder zu wachsen.

Wenn es jetzt von Jahr zu Jahr wärmer wird, dann wird die Eiskappe im Sommer auf eine immer kleinere Restfläche schrumpfen, dann wird sich immer weniger Eis über die warme Jahreszeit in den nächsten Winter retten. Um wie viel weniger? Wir hatten oben abgeschätzt, dass alle 250 km vom Pol weg die Temperatur um 1 °C zunimmt. Wenn jetzt die Temperatur seit 1979 insgesamt um 1 °C gestiegen ist – und das hat man für die arktischen Gebiete gemessen, im Gegensatz zu den 0,6 °C für den Rest der Welt – dann hat sich dadurch die Isotherme um 250 km zum Pol hin verschoben. Und man könnte dann annehmen, dass sich der Rand der Eiskappe, gemeinsam mit der Isotherme, auch um 250 km zum Pol hin verschoben hat.

Auf der vorigen Seite sehen Sie ein aus Satellitenfotos zusammengesetztes Bild der sommerlichen Eiskappe von 2010 im Vergleich zu 1979.

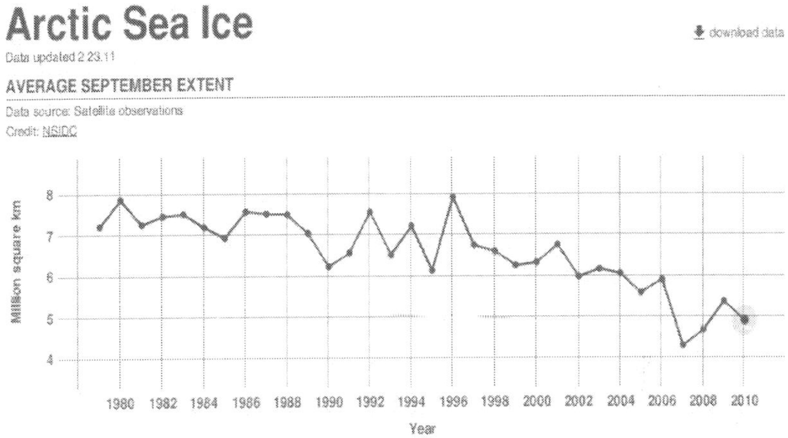

Die Ränder der Eiskappe auf dem Bild sind jedenfalls von den Nordküsten Sibiriens und Alaskas, um mehrere hundert Kilometer in Richtung Nordpol zurückgewichen, in Richtung Skandinavien hat die Eiskappe etwas zugenommen. Insgesamt ist die Kappe aber kleiner geworden.

Das National Snow and Ice Data Center in den USA hat sich die Satellitenbilder etwas genauer angeschaut und über mehrere Jahre ausgewertet.

Sie sehen die Fläche des Eises, genauer gesagt den Durchschnittswert für September des jeweiligen Jahres. September ist der Monat, in dem das Eis auf seine kleinste Fläche geschrumpft ist, denn im Oktober beginnt die ewige Nacht mit ihren mörderischen Temperaturen, die wieder für das Wachstum des Eises sorgen.

Die Eisfläche ist angegeben in Millionen von Quadratkilometern. Allerdings ist das nicht alles solides Eis, sondern man hat das als Eisfläche definiert, was zu wenigstens 15 % mit Eis bedeckt ist.

Wenn wir hier die Jahre herausnehmen, die auf dem Satellitenbild verglichen wurden, es sind 1979 und 2010, d. h. der erste und letzte Wert in der Graphik, dann lesen wir die Werte 7,1 bzw. 5,0 Millionen km^2 ab. Ein gewaltiger Rückgang des Eises in 30 Jahren, der sich außerdem in den letzten paar Jahren noch beschleunigt hat.

Ist das nun endlich der Beweis für Global Warming – ja oder nein? Bevor wir entscheiden, lassen Sie uns einen Blick auf das folgende Schreiben werfen:

"It will without doubt have come to your Lordship's knowledge that a considerable change of climate, inexplicable at present to us, must have taken place in the Circumpolar Regions, by which the severity of the cold that has for centuries past enclosed the seas in the high northern latitudes in an impenetrable barrier of ice has been during the last two years, greatly abated.

(This) affords ample proof that new sources of warmth have been opened and give us leave to hope that the Arctic Seas may at this time be more accessible than they have been for centuries past, and that discoveries may now be made in them not only interesting to the advancement of science but also to the future intercourse of mankind and the commerce of distant nations."

Es handelt sich hier um einen Brief des Präsidenten der ehrwürdigen Royal Society of London – das Portal ist auf der vorigen Seite abgebildet – an die Admiralität seiner königlichen Hoheit Goerge III, geschrieben am 20.11.1817.

Der Präsident der königlichen Forschungsgesellschaft teilt also mit, dass sich in den nordpolaren Regionen eine Wärmequelle unbekannten Ursprungs aufgetan haben müsste, welche die unerbittliche Kälte, die für die vergangenen Jahrhunderte das Polarmeer durch Barrieren aus Eis verschlossen hielt, weitgehend abschwächen wird. Das ermögliche Entdeckungen, die nicht nur für den Fortschritt der Wissenschaften interessant sind, sondern auch für die Mobilität der Menschheit und den Handel zwischen entfernten Nationen.

Man hat also vor 200 Jahren schon einmal den Rückzug arktischen Eises beobachtet, wenn das auch damals eher Grund zum Optimismus war als heute. Es ist unwahrscheinlich, dass diese Erwärmung damals durch industriell produziertes CO2 ausgelöst worden war.

Was sollen wir aus all dem folgern?

Wenn das gegenwärtige Schrumpfen der arktischen Eiskappe auch zweifellos mit irgendeiner Form der Erwärmung einhergeht, so ist dies nicht der Beweis, dass es sich um einen langfristigen, globalen Trend handelt. Es ist aber auch klar, dass Eis ein guter Indikator für Temperaturänderung ist, denn eine Schwankung von weniger als einem zehntel Grad kann den Unterschied zwischen fest und flüssig ausmachen.

Lassen Sie uns also noch woanders nach Eis Ausschau halten, vielleicht nicht gerade am Nordpol.

9.5 Auf in die Berge

Erinnern Sie sich an Kapitel 6.3 - Warum der Schnee in den Bergen liegt und nicht im Tal? Wir hatten gesehen, dass pro 1000 Höhenmeter die Temperatur um 6,5 °C abnimmt. Ewiges Eis finden wir ab einer Höhe, in der die Temperatur auch im Sommer meistens unter dem Schmelzpunkt liegt. In Mitteleuropa, wo die 24-Stunden-Durchschnittstemperatur im Sommer im Flachland bei vielleicht 17 Grad liegt, ist die Schneegrenze irgendwo in einer Höhe von 17 / 6,5 x 1000 m = 2600 m.

Wenn die Temperatur der Atmosphäre überall ansteigt, dann steigt auch überall die Schneegrenze an, und zwar um 1000 m für jede 6,5 °C Erwärmung. Umgekehrt würde beim Absinken der globalen Durchschnittstemperatur die Null-Grad-Grenze von den Bergen in die Täler wandern. Dann hätten wir Gletscher vor der Haustüre, so wie damals in der Eiszeit.

In den aktuellen Diskussionen geht es um einen Temperaturanstieg von 0,6 °C seit 1980. In Höhe ausgedrückt wäre das ein Anstieg der Schneegrenze um 0,6 ° / 6,5 ° x 1000 m = ca. 100 Meter. Stellen wir uns einen Gletscher vor, der an einem Abhang mit einem Gefälle von 10 % liegt. Wenn der untere Rand des Gletschers nun wegen des Temperaturanstiegs um 100 Höhenmeter zurückweicht, dann wird er sich in der Horizontalen um das zehnfache zurückziehen, wegen der 10 % Steigung des Hangs. Er wird also horizontal um 1000 m zurückweichen. Solch eine Veränderung kann mit Hilfe von Fotografien aus den verschiedenen Jahren leicht dokumentiert werden. Gletscher sind also sehr sensible und dramatische Indikatoren, auch für geringe Temperaturveränderung.

Die beiden Bilder oben zeigen deutlich den Rückgang eines Gletschers. Dabei müssen natürlich Fotos verglichen werden, die jeweils im Sommer oder Herbst aufgenommen wurden, damit man vom Wettergeschehen, etwa starken Schneefällen in der Woche zuvor, unabhängig ist.Einer der am besten untersuchten Gletscher ist der Vernagtferner in Tirol. Er wird buchstäblich seit Jahrhunderten genau beobachtet und vermessen, und man hat in jüngster Zeit die Veränderung der Masse des Gletschers abgeschätzt. Im Jahre 1840 soll er, laut Graphik oben, eine Masse von

900 Millionen Tonnen gehabt haben. Kann man sich das irgendwie vorstellen? 900 Millionen Tonnen sind auch 0,9 x 10^9 Tonnen. Eine Tonne Eis hat ein Volumen von etwas mehr als 1 m^3; dann haben 0,9 x 10^9 Tonnen Eis also ein Volumen von ca. 10^9 m^3. Das ist aber nichts anderes als

$$10^3 \text{ m} \times 10^3 \text{ m} \times 10^3 \text{ m} = 1 \text{ km} \times 1 \text{ km} \times 1 \text{ km}.$$

Wir haben uns also einen Eiswürfel vorzustellen, der je einen Kilometer lang, breit und hoch ist. Etwas zu groß für das Glas mit dem abendlichen Drink. Das war also das Volumen des Vernagtferners anno 1840.

In der Zeit von 1980 bis 2000 hat das Eis von etwa 400 auf 280 Millionen Tonnen abgenommen. Das ist ein gewaltiger Verlust von 6 Millionen Tonnen pro Jahr. Diese Entwicklung ist ein klarer Hinweis auf Erwärmung, die auch durch die auf der Graphik wiedergegebenen Zugspitz-Temperaturen bestätigt wird. Ist das auch ein Beweis für Global War ming, gemäß unserem Manifest?

Auf der Graphik sind auch noch andere Zeiträume abgebildet. So können wir erkennen, dass zwischen 1845 und 1890 ein Masseschwund von

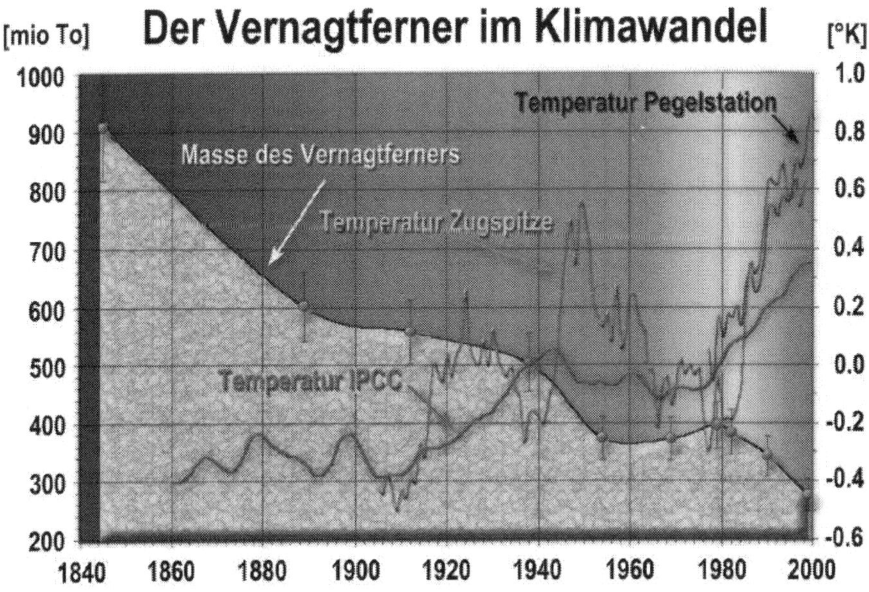

900 auf 600 Millionen Tonnen zu beklagen war, also ebenfalls ca. 6 Millionen Tonnen pro Jahr, und das für die Dauer von 45 Jahren. Sicherlich war auch damals eine lokale oder auch globale Erwärmung mit im Spiel, aber sie war sicherlich nicht durch zivilisatorische CO2-Emissionen verursacht.

9.6 Zu Punkt 1 des Manifestes

Was können wir nun folgern, nachdem wir eine Reihe von Temperatur-Indikatoren für die vergangenen Jahrhunderte untersucht haben? Was ist unsere Schlussfolgerung bezüglich Punkt 1 des Grünen Manifests?

Fazit 1:

Es ist sicher, dass die Durchschnittstemperatur in den vergangenen 130 Jahren auf der Nordhalbkugel angestiegen ist. Insbesondere in den vergangenen 30 Jahren hat es eine Erwärmung um etwa 0,6 °C gegeben, d. h. um durchschnittlich 0,02 °C pro Jahr. Es gibt jedoch keinen Grund zu der Annahme, dass diese Erwärmung in den kommenden Jahrzehnten weitergehen wird, noch gibt es Indikatoren dafür, dass die Erwärmung stoppen wird. Es gibt keinen Grund zur Annahme, dass die bislang beobachtete Erwärmung über das Maß ähnlicher Klimaschwankungen in der Vergangenheit hinausgeht.

10 Hypothesen 2+3

2 

Die Konzentration von CO2 in der Atmosphäre wächst

10.1 Ist das gerecht verteilt?

Wir sind also dabei, das Grüne Manifest Punkt für Punkt nach seiner Plausibilität durchzugehen. Den ersten Glaubenssatz –

1. die Erde erwärmt sich

– haben wir als insgesamt plausibel befunden. Wenden wir uns dem nächsten Thema zu: Kohlendioxid und sein stetiges Anwachsen.

Stellen wir uns zunächst einmal die Frage, ob das CO2 eigentlich gleichmäßig über die Welt verteilt ist oder ob es sich vielleicht in Gegenden, wo besonders viel Kohle verbrannt wird, anhäuft. Immerhin hatten wir beim Treibhausgas Nr. 1, dem Wasserdampf, gesehen, dass er sehr ungleichmäßig über die Erdoberfläche verteilt ist. Über den Ozeanen und in den Tropen fanden wir hohe Konzentration, in den Wüsten und arktischen Regionen dagegen so gut wie nichts. Wie ist das nun mit dem

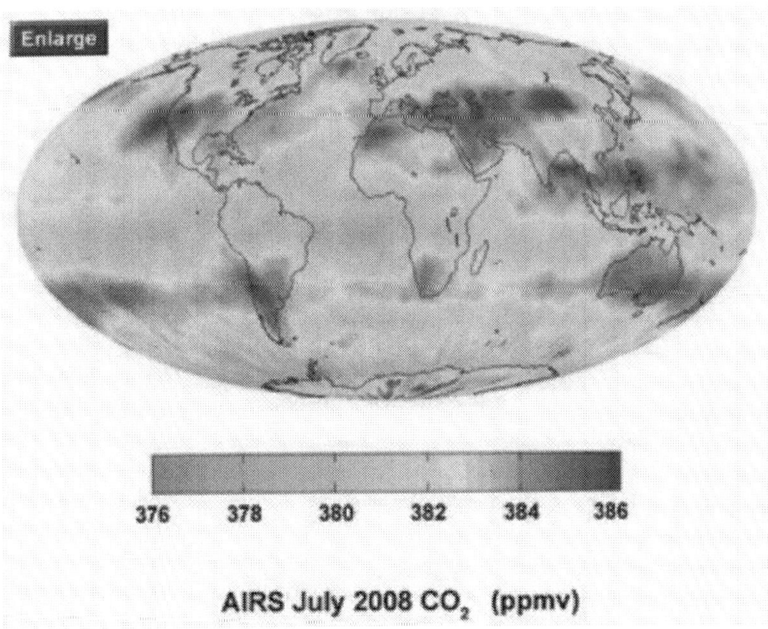

Kohlendioxid? Die Antwort kann dem vorigen Bild entnommen werden. Offensichtlich variiert die Konzentration von CO2 in der Luft zwischen 376 ppm (in der Antarktis) und 386 ppm (in Saudi Arabien, Kalifornien oder Australien). Die Schwankung um den mittleren Wert von 381 ppm beträgt also maximal 5 ppm nach oben und nach unten. Das sind 1,3 % des mittleren Wertes selbst. Es ist also legitim, wenn wir annehmen, CO2 sei gleichmäßig über unseren Planeten verteilt.

Unter der Graphik sehen Sie übrigens die Abkürzung „ppmv". Dies bedeutet, dass die parts per million, die millionsten Teile, in denen die Konzentration von CO2 angegeben wird, sich auf das Volumen beziehen und nicht auf das Gewicht. Dieser Unterschied wird später noch von Bedeutung sein.

10.2 Die Zunahme von Kohlendioxid in der Luft

Betrachten wir nun die Veränderung der CO2-Konzentration im Laufe der Zeit. Uns liegen Messwerte einer Station in Mauna Loa auf Hawaii vor. Schauen wir noch einmal auf das Bild mit der Weltkarte und identifizieren dort die Hawaii-Inseln. Wir finden sie ein ganzes Stück links der Halbinsel von Baja California, als schwarze Punkte in einem grünen Farbfleck, der vielleicht einem Wert von 382 ppmv entspricht. Auf dem nächsten Bild ist der Wert für Juli 2008 mit 384 ppmv angegeben - also eine gute Übereinstimmung zwischen den beiden Datenquellen im Rahmen der Genauigkeit der Graphiken. Diese Übereinstimmung, sowie die Folgerungen aus der vorigen Graphik lassen es zu, dass wir die Werte von Hawaii als repräsentativ für den ganzen Globus ansehen.

Zunächst fällt die Zickzack-Form der Kurve auf. Die Konzentration schwankt offensichtlich im jährlichen Rhythmus um ca. 2 ppmv nach oben und unten. Dafür wird es Gründe geben; vielleicht hat es mit der jahreszeitlichen Variation der Vegetation zu tun, die während des Wachstums CO2 absorbiert, vielleicht hat es auch mit den Ozeanen zu tun, die je nach Temperatur mehr oder weniger CO2 aufnehmen. Es könnte auch sein, dass sich das CO2 je nach Lufttemperatur in der Atmosphäre nach oben oder unten bewegt, während die Messstation immer auf der gleichen Höhe bleibt. Wir wollen dieses Thema nicht weiter verfolgen, da es für unsere Untersuchung keine Konsequenzen hat. Vergessen wir also das Zickzack und betrachten die gemittelte rote Linie.

Diese zeigt uns, dass die CO2-Konzentration in den Jahren 1958 bis 2008 von 307 auf 384 ppm angewachsen ist. Das sind 77 ppm in 50 Jahren. Aus der Steigung des letzten Teils der Kurve können wir abschätzen, dass die Zunahme während der letzten Jahre jeweils 2 ppmv betrug.

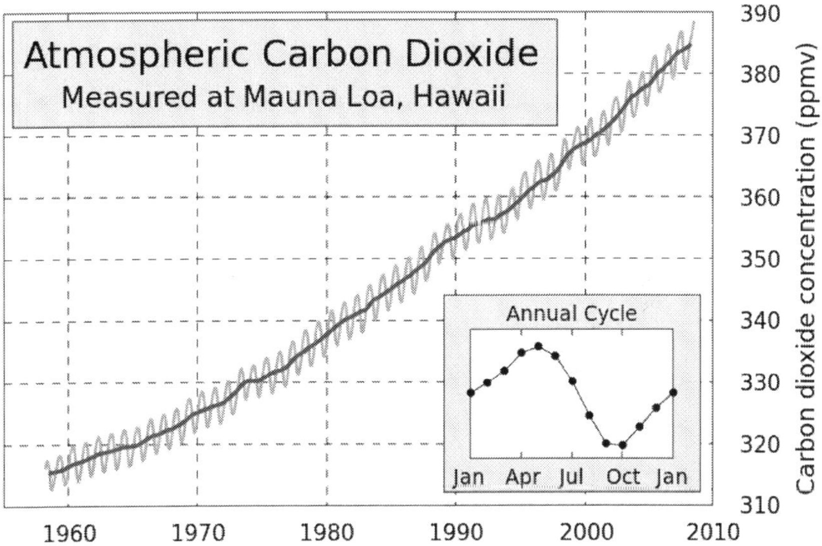

Außer den hier wiedergegebenen Messwerten von Mauna Loa gibt es noch andere Daten über die Konzentration von CO2 in der Luft, von anderen Wissenschaftlern an anderen Orten der Erde gemessen. Sie alle stimmen gut miteinander überein. Es handelt sich um erprobte Messverfahren, und wir können den Ergebnissen also Glauben schenken.

10.3 Zur Abwechslung etwas Mathematik

Sind die in erster Linie von der Industriegesellschaft verfeuerten fossilen Brennstoffe die Ursache für das Anwachsen der CO2-Konzentration in der Luft? Lassen Sie uns einen Plausibilitäts-Check machen. Damit die obige Annahme stimmen kann, muss die Menge des von der Menschheit produzierten CO2 in der gleichen Größenordnung liegen wie der CO2-Zuwachs in der Atmosphäre.

Lassen Sie uns eine Rechnung für die CO2-Bilanz aufstellen. Also: 2 ppmv ist der Zuwachs an Volumenkonzentration pro Jahr. Wie viele Tonnen CO2 sind das? Lassen Sie uns erst ausrechnen, wie viele Tonnen Luft in der Atmosphäre sind, und dann nehmen wir davon 2 ppm, d. h. zwei Millionstel.

Nachdem Sie in den ersten Kapiteln schon die Angst vor großen Zahlen verloren haben, sollte das kein Problem mehr sein. Erinnern Sie sich, dass der Druck der Atmosphäre dem Gewicht von einem Kilogramm pro Quadratzentimeter entspricht? Das ist die Definition von 1 bar. Über jedem Quadratzentimeter Erdoberfläche steht also 1 kg Luft. Ein Quadratmeter hat 100 x 100 = 10.000 cm^2, also liegen auf jedem Quadratmeter 10.000 kg, d. h. 10 Tonnen Luft. Wir brauchen jetzt nur die Anzahl der Quadratmeter auf der Erdoberfläche auszurechnen und wir haben die gesamte Masse der Atmosphäre.

Alles, was Sie dazu wissen müssen, ist, dass der Erdradius R = 6270 km = 6,37 x 10^6 m ist, und dass eine Kugel die Oberfläche 4 x 3,14 x R^2 hat, wobei 3,14 die berühmte Zahl π (Pi) ist. Also stürzen wir uns in die Mathematik:

Erdradius R (m)		= 6,37E+06
Erdoberfläche S (m^2)	S = 4 x 3,14 x R^2	= 5,09E+14
Masse der Atmosphäre (t)	M = S x 10	= 5,09E+15

Wenn wir bisher von ppmv, von „parts per million" sprachen, dann meinten wir Millionstel bezogen auf das Volumen und das ist dasselbe wie Millionstel der Zahl der Moleküle. Wir wollen aber den Bruchteil an Gewicht, wir wollen die Gewichtszunahme von CO2 ausrechnen. Daher müssen wir da noch etwas umrechnen, weil Moleküle der Luft, also der Mischung aus Sauerstoff und Stickstoff, ein anderes durchschnittliches Gewicht haben (29 Einheiten) als Kohlendioxid (44).

Ein ppmv ergibt also 44 / 29 = 1,5 Masse ppm. Wenn die Atomkonzentration an CO_2 also pro Jahr um 2 ppm zunimmt, dann sind es 2 x 1,5 = 3 ppm an Konzentration der Masse.

CO2-Zuwachs (ppm Masse)	Delta = 3	= 3,00 10-6
Massenzuwachs CO2 (t)	M x Delta	= 1,53 x 10^10

Im Jahr 2008 nahm die Masse von CO_2 in der Atmosphäre also um 1,53 x 10^{10} t, also um ca. 15 Milliarden Tonnen zu. Kann man das mit der von der Menschheit produzierten Menge an CO_2 vergleichen?

Lassen SDie uns also Hypothese 3 genauer unter die Lupe nehmen.

10.4 Ein interessanter Vergleich

Die vom statistischen Büro der UNO für 2008 veröffentlichte Zahl für die weltweit durch den Einsatz fossiler Brennstoffe erzeugte Menge von CO2 ist 30 x 10^9 t. Diese Angabe deckt sich mit Daten aus anderen Quellen, sodass wir wenig Grund haben, daran zu zweifeln. Sie wurde aus dem Verbrauch an fossilen Brennstoffen hochgerechnet.

Vergleichen wir nun diesen Wert mit unserer Berechnung, dann sehen wir, dass anscheinend 30 Milliarden Tonnen CO2 von der Menschheit produziert wurden und dass das CO2 in der Luft im gleichen Jahr um 15 Milliarden Tonnen zugenommen hat. Es sieht so aus, als wäre doppelt so viel CO2 produziert worden, als die in der Atmosphäre gemessene Zunahme. Wo ist der Rest geblieben? Wie ist das zu erklären?

Jetzt müssen wir spekulieren:

- Die Angaben der UNO in Sachen CO2-Emission könnten falsch sein. Wie wahrscheinlich ist das? Wir können davon ausgehen, dass von der UNO publizierte Daten aufgrund politischer Ausrichtung eher zu dramatisch als zu bescheiden ausfallen. Allerdings kann man hier nicht viel fälschen, weil die Werte sich durch Vergleich mit globaler Kohle- und Erdölproduktion relativ leicht auf ihre Plausibilität prüfen lassen.

- Ein Teil des erzeugten CO2 könnte von den Weltmeeren durch physikalische, chemische oder biologische Prozesse absorbiert worden sein.

- Das Pflanzenwachstum hat durch Photosynthese einen Teil des vom Menschen erzeugten CO2 aus der Luft absorbiert.

- Es gibt noch weitere Effekte, welche für eine Absorption des emittierten CO2 verantwortlich sind.

Die Antwort muss ich Ihnen schuldig bleiben. Wie auch immer dem sei: Es besteht keine Frage, dass die vom Menschen in die Atmosphäre entlassene Menge an CO2 vergleichbar ist mit dem gemessenen Zuwachs an CO2 im gleichen Zeitraum. Wir können also nur folgern, dass der Zuwachs an CO2-Konzentration zum Großteil menschengemacht ist.

Das wird uns nun ja auch seit einiger Zeit vorgepredigt und unter die Nase gehalten, etwa auf Fotos wie dem oben in der Überschrift wiedergegebenen. Solche Bilder werden von der grünen PR immer wieder als warnendes Fanal gegen die CO2-Emission eingesetzt.

Falls Sie es noch nicht gewusst gaben: CO2 ist farblos, unsichtbar und geruchlos. Was Sie aus dem Kamin kommen sehen, ist entweder Rauch (= fliegende feine Aschepartikel und unverbrannter Kohlenstoff, auch Ruß genannt), oder es ist kondensierter Wasserdampf; es ist sicherlich kein CO2. Das hat nun keine weitreichenden Konsequenzen, aber es sollte Sie daran erinnern, dass Sie nicht alles für bare Münze nehmen sollten, was die Propaganda Ihnen unter die Nase hält.

10.5 Die Zeit zurückdrehen

Nehmen wir an, ein Wunder wäre geschehen und ab heute würde kein Kohlendioxid mehr produziert, kein CO2 mehr in die Atmosphäre geblasen. Was würde passieren? Würde die Konzentration von Kohlendioxid in der Luft dann wieder auf die niedrigen, vermutlich harmlosen Werte zurückfallen, wie sie vor der Industrialisierung herrschten?

Wohl kaum. Die Menschheit hat in den vergangenen Jahrzehnten Unmengen von Kohlenstoff, d. h. Steinkohle und Braunkohle sowie Unmengen von Kohlenwasserstoffen in der Form von Öl und Gas aus dem Untergrund an die Erdoberfläche befördert. Sie hat das hauptsächlich aus einem Grund getan: um das Zeug zu verbrennen. Dabei entstand jede Menge Kohlendioxid. Im vergangenen Jahr waren es ca. 30 Milliarden Tonnen und wir können schätzen, dass es über all die Jahre industrieller Aktivitäten sicherlich Hunderte von Milliarden Tonnen CO2 waren.

In den 30 Milliarden Tonnen CO_2 vom vergangenen Jahr steckten etwa 8 Milliarden Tonnen Kohlenstoff - die restlichen 22 Tonnen sind der Sauerstoff im CO_2.

Mit anderen Worten, die Menschheit hat in ihrer Geschichte aus Bergwerken und unterirdischen Öl- und Gasquellen einige hundert Milliarden Tonnen Kohlenstoff an die Oberfläche befördert. Während dieses Material bis dahin im Keller unseres Planeten geschlafen hatte, nimmt es jetzt an all den interessanten atmosphärischen Kreisläufen teil: Es nimmt teil an der Photosynthese und wird von Pflanzen als Baustoff verwendet, es löst sich im Wasser der Meere auf und es schwirrt in der Luft herum. Nichts auf der Welt kann diese Milliarden Tonnen Kohlenstoff wieder in den Keller bringen.

Die Erscheinungsform des Kohlenstoffs auf der Erdoberfläche kann vielleicht beeinflusst werden, aber die Gesamtmenge nicht. Durch Schaffen neuer Vegetationsgebiete, etwa durch das Bewässern der Sahara, könnte man Wälder anlegen, die es bislang nicht gegeben hat, und diese würden CO_2 absorbieren. Damit sich das Ganze lohnt, müssten diese Wälder natürlich eine gigantische Ausdehnung annehmen.

Mit anderen Worten, wir werden mit der CO_2-Konzentration von heute vermutlich leben müssen, und vermutlich mit höheren Konzentrationen, die da kommen werden. Die Zeit zurückdrehen und die CO_2-Emissionen ungeschehen machen, das geht nicht.

Fazit 2 und 3:

Es gibt keinen Grund an Aussagen 2 und 3 des Glaubensbekenntnisses zu zweifeln: Die Konzentration von CO_2 hat in den vergangenen Jahrzehnten stetig zugenommen; während der letzten Dekade betrug der Zuwachs ca. 2 ppmv pro Jahr. Der Zuwachs an CO_2 in der Atmosphäre wird zum Teil durch das Verbrennen fossiler Energieträger durch den Menschen verursacht. Dieser Zuwachs ist irreversibel.

11 Hypothese 4

11.1 Geheimnisse im ewigen Eis

Wir hatten zuvor festgestellt, dass die mittlere Temperatur der Erde in den vergangenen Jahren zweifelsfrei angestiegen ist. Wir haben uns auch überzeugt, dass die Konzentration von CO2 in der Atmosphäre zunimmt und dass diese Zunahme durch den Menschen verursacht ist.

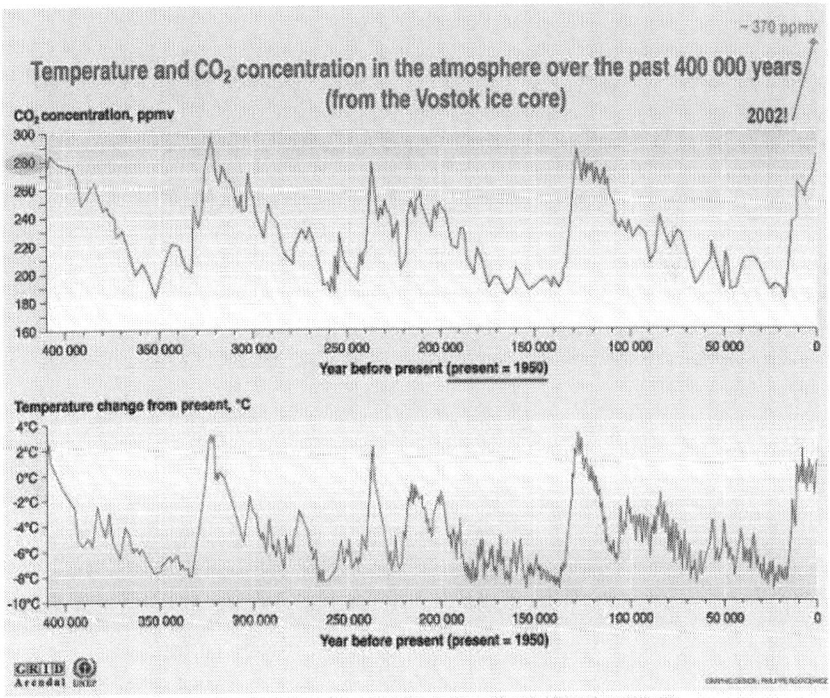

Source: J.R. Petit, J. Jouzel, et al. Climate and atmospheric history of the past 420 000 years from the Vostok ice core in Antarctica, Nature 399 (3June), pp 429-436, 1999.

(Note: 2002 information added to diagram)

Wie sicher ist es nun, dass die Zunahme der CO2-Konzentration ihrerseits die Erwärmung von 0,6 °C in den vergangenen 30 Jahren verursacht hat? Ich möchte Letzteres als „kritische Hypothese" bezeichnen.

Während die Zunahmen von Temperatur und CO2 Tatsachen sind, die zuverlässig durch Messung belegt sind, ist der Zusammenhang zwischen den beiden Veränderungen nicht so einfach nachzuweisen, wenn überhaupt.

Russische Forscher haben auf diesem Gebiet Pionierarbeit geleistet. Sie haben tief ins antarktische Eis gebohrt und lange Eisstangen herausgeholt. Nachdem sich der Eismantel ja aus den Schneefällen vieler aufeinanderfolgender Jahre aufgebaut hat, kann man nun umgekehrt annehmen, dass in bestimmten Tiefen der Niederschlag bestimmter Jahre zu finden ist. Man hat so etwa 400.000 Jahre in die Vergangenheit gebohrt. Wenn man nun von den Eisstangen wie von einer Salami dünne Scheiben abschneidet, so stammt jede Scheibe aus einer bestimmten Epoche.

Bei der Analyse dieser Eisproben konnten die Wissenschaftler durch genaue Messungen und physikalische Überlegungen zwei interessante Parameter bestimmen: die CO2-Konzentration der Atmosphäre im jeweiligen Zeitabschnitt und die Temperatur. Dabei wurde etwas sehr Interessantes entdeckt. Während der vergangenen 400.000 Jahre ist die mittlere Temperatur periodisch zwischen -8 °C und +2 °C im Vergleich zu heute geschwankt. Im Gleichtakt dazu hat die CO2-Konzentration in der Atmosphäre zwischen 180 und 280 ppmv variiert. Könnte es einen schlagenderen Beweis über den Zusammenhang CO2 und Temperatur geben als diese Messungen?

Wohl kaum. Allerdings haben die Forscher bei genauem Hinschauen dann erkannt, dass die Erwärmung zeitlich *vor* der jeweiligen CO2-Zunahme eintrat. Da die Ursache bekanntlich nicht nach der Wirkung kommen kann, folgt daraus, dass die Erwärmung die CO2-Zunahme bewirkt hat - nicht umgekehrt. Es könnte ja sein, dass das Meer wärmer wurde und CO2 an die Luft abgegeben hat, etwa so wie eine Flasche Mineralwasser, die man warm macht. Die Eisbohrungen sind also keine Bestätigung unserer kritischen Hypothese.

Die Eisproben stammen übrigens von der Station Vostok, 1300 km vom Südpol entfernt.

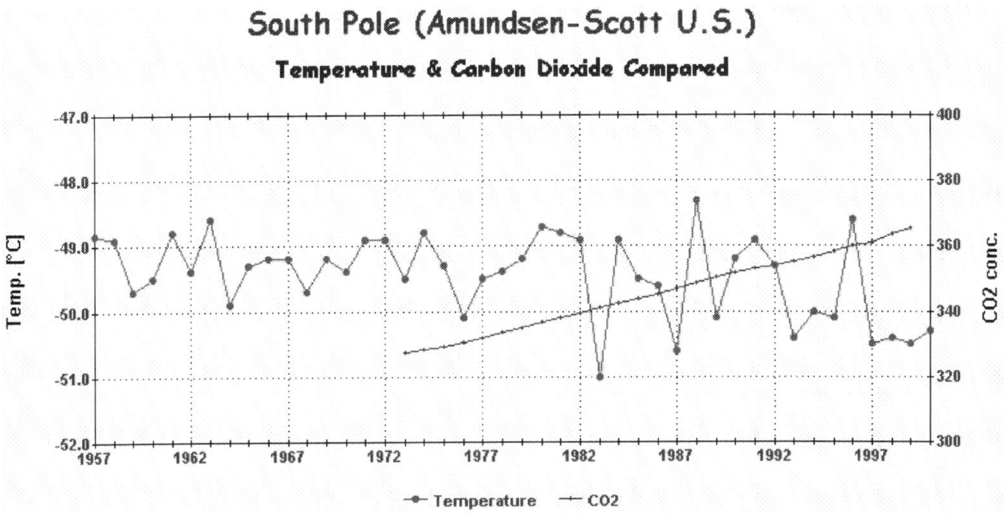

Was ist nun die Antwort?

In Kapitel 5 „Die Temperatur der Erde" hatten wir doch die ganze Physik ausgebreitet, die notwendig ist, um die Temperatur der Erde zu berechnen. Damit sollten wir jetzt ganz einfach unsere Hypothese, dass das CO2 die Erwärmung verursacht, als richtig oder falsch entlarven können.

Unsere Hypothese beruht ja darauf, dass das CO2 in der Atmosphäre die von der Erdoberfläche abgestrahlte Wärme daran hindert, in den Weltraum zu entweichen; andererseits wird durch das gleiche CO2, als transparentes, farbloses und geruchloses Gas, die einfallende Sonnenstrahlung so gut wie gar nicht beeinträchtigt. Unter dem Strich empfangen wir also mehr Energie von der Sonne als von der Erde zurückgestrahlt wird.

Die Erde erwärmt sich aus diesem Grund, und zwar so lange, bis sie trotz des dickeren CO2-Mantels wieder genauso viel Energie abstrahlt wie sie empfängt. Das zusätzliche CO2 zwingt die Temperatur in die Höhe. Aus diesem Grund nennt man das CO2 in der Atmosphäre auch Treibhausgas oder „Forcing Agent". Warum rechnen wir jetzt nicht einfach aus, um wie viel die Atmosphäre sich erwärmt, wenn die CO2-Konzentration von 300 auf 400 ppmv steigt? Weil es nicht möglich ist.

Ob die Erwärmung der Erdatmosphäre durch das von der Menschheit generierte CO_2 verursacht wird oder nicht, ist eine zu komplexe Frage.

Lassen Sie mich erläutern, was mit „komplexer Frage“ gemeint ist: Wenn in einem System eine große Anzahl verschiedener Vorgänge abläuft, die sich gegenseitig beeinflussen, dann ist es schwierig, das Verhalten dieses Systems vorherzusagen oder auch nur seine Funktionsweise zu verstehen. Je größer die Anzahl der Vorgänge und je zahlreicher die gegenseitigen Wechselwirkungen zwischen ihnen, desto komplexer ist das System. Unser Klima wird durch eine Unzahl verschiedener Mechanismen bestimmt, die sich wechselseitig beeinflussen: Die Sonnenstrahlung verursacht Erwärmung, die Erwärmung verursacht Thermik, die Thermik führt zu Wolkenbildung, die Wolkenbildung führt zu Reflexion des Sonnenlichtes und behindert die Wärmeabstrahlung von der Erde, sie führt auch zu Niederschlägen, diese führen zur Veränderung der Temperatur und sie beeinflussen die Vegetation in der Region, auf die sie fallen, Vegetation beeinflusst die Konzentration von CO_2 in der Luft, das könnte den Treibhauseffekt beeinflussen etc.

Ein großes Problem ist weiterhin, dass CO_2 nicht das einzige Treibhausgas in diesem Wärmedrama ist. Eine Reihe anderer Gase und physikalischer Effekte spielen da noch mit, und all diese sind irgendwie miteinander verknüpft. Hier sind eine Reihe von „Forcing Agents“ aufgelistet, welche alle mehr oder weniger Einfluss auf die Temperatur der Atmosphäre haben.

- Troposphärischer Wasserdampf
- Langlebige Treibhausgase (darunter CO_2)
- Stratosphärisches Ozon
- Troposphärisches Ozon
- Stratosphärischer Wasserdampf durch CH_4
- Direkte Aerosole
- Albedo-Effekt durch Wolken (alle Aerosole)
- Oberflächen-Albedo-Effekt durch Landnutzung
- Oberflächen-Albedo (black-carbon-Aerosol auf Schnee)

- Langlebige lineare Kondensstreifen
- Solare Strahlungsintensität
- Vulkanische Aerosole
- Wasserdampf in der Stratosphäre- außer durch CH4-Oxidation
- Durch Bewässerung verursachter Wasserdampf in der Troposphäre
- Von der Luftfahrt induzierte Zirrus-Bewölkung
- Kosmische Strahlung
- Andere Oberflächeneffekte

All diese Faktoren haben Einfluss auf unser Klima. Aber wie stark ist der Einfluss von Kohlendioxid? Das war ja unsere Preisfrage. Wo könnten wir denn sonst noch Hinweise darauf finden, ob dies der Übeltäter ist?

11.2 Zurück zum Südpol

Lassen Sie uns noch einmal einen Blick auf die Temperaturen am Südpol werfen, die durch die Besatzung der Station Amundsen-Scott gemessen wurden und die Sie schon kennen.

Wir hatten hier für die zweite Hälfte des vorigen Jahrhunderts keinen kontinuierlichen Anstieg der Temperatur beobachten können, eher einen leichten Abfall um ein paar zehntel Grad. In der Graphik S, 114 ist auch die uns schon sattsam bekannte CO2-Konzentration in der Atmosphäre eingezeichnet. Von ihr nehmen wir ja an, dass sie über den Globus einigermaßen gleich verteilt ist.

Erinnern Sie sich nun bitte daran, dass CO2 nicht das wichtigste Treibhausgas auf der Erde ist, sondern dass dies der Wasserdampf ist. Wasserdampf hat im Durchschnitt eine viel höhere Konzentration als CO2; außerdem ist er ein besserer Absorber für die von der Erde abgegebene Wärmestrahlung.

Jetzt hängt die maximale Menge an Wasserdampf, welche die Luft aufnehmen kann, stark von der Temperatur ab – je wärmer umso mehr kann absorbiert werden. Die Graphik nebenan zeigt uns, dass die Atmosphäre bei 15 °C zum Beispiel gut 1 % Wasser aufnehmen kann, das sind etwa 13 Gramm pro Kubikmeter, während es bei antarktischen Temperaturen von –50 °C weniger ist als 0,1 g pro Kubikmeter.

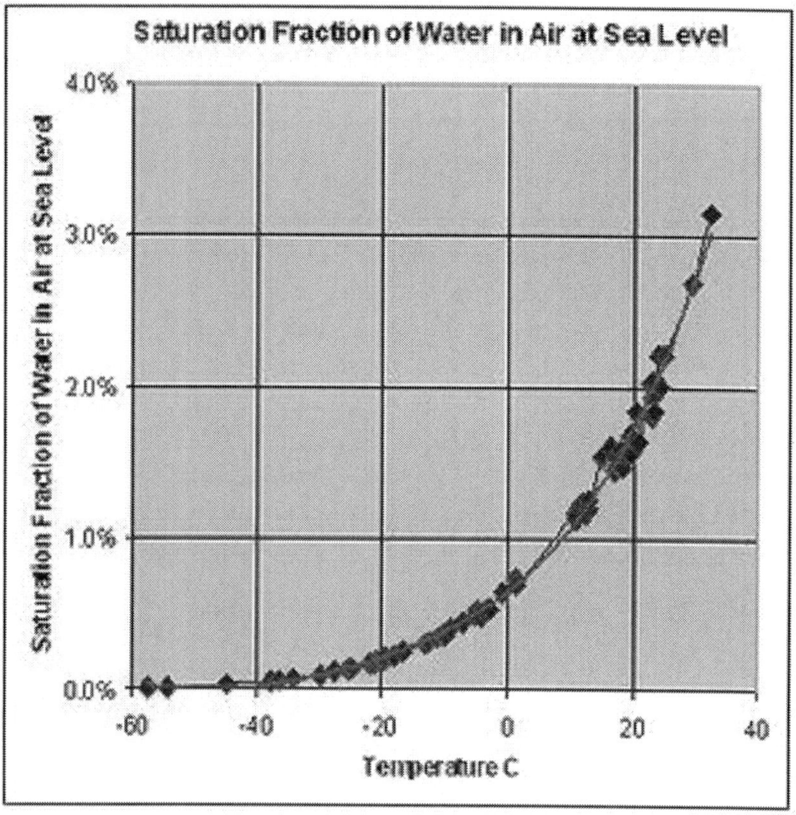

Es ist also fair, wenn wir annehmen, dass das wichtigste Treibhausgas am Südpol nicht der Wasserdampf ist, sondern, ausnahmsweise, wegen der tiefen Temperatur, das CO2 (übrigens würde CO2 bei –78 °C aufhören ein Gas zu sein; es ginge dann spontan in das über, was wir als „Trockeneis“ kennen, i. e. festes CO2; ganz so kalt ist es aber auch am Südpol nicht). Bei einer Konzentration von 350 ppmv hätten wir etwa 0,7 g CO2 im Vergleich zu weniger als 0,1 g Wasser pro Kubikmeter

Luft. Am Südpol sollte sich doch dann eine Erhöhung der CO2-Konzentration stärker bemerkbar machen, als sonst irgendwo auf dem Planeten, weil Wasserdampf als Treibhausgas am Südpol praktisch ausfällt. Wir sollten hier einen besonders deutlichen Temperaturanstieg beobachten, falls denn CO2 tatsächlich der Übeltäter ist. Aber was wir sehen, ist eher das Gegenteil.

Das lässt uns daran zweifeln, dass CO2 tatsächlich die Ursache für Global Warming ist. Es ist auch kein Beweis dafür, dass CO2 nicht die Ursache ist. Es lässt uns einfach im Unklaren darüber. Also kommen wir zu dieser Schlussfolgerung bezüglich der vierten Aussage des Grünen Manifests:

Fazit 4:

Auch wenn es bewiesen ist,

- **dass die Temperatur, zumindest auf der Nordhalbkugel, angestiegen ist,**
- **dass die CO2-Konzentration in der Atmosphäre zugenommen hat,**
- **dass die CO2-Zunahme im Wesentlichen vom Menschen verursacht ist,**

so ist es nicht bewiesen, dass die CO2-Zunahme die Ursache für den Temperaturanstieg ist. Es gibt zu viele weitere Faktoren, die einen Einfluss haben. Außerdem gab es in vergangenen Jahrhunderten ähnliche Phasen der Erwärmung, bei denen CO2-Zuwachs sicherlich nicht die Ursache war.

Umgekehrt ist aber auch nicht bewiesen, dass der CO2-Zuwachs keinen Einfluss auf die Temperaturerhöhung hätte.

Diese kritische Hypothese ist also weder bestätigt noch widerlegt.

12 Hypothese 5

5  **Die Erwärmung gefährdet Lebensräume von Mensch und Tier**

Was sind die direkten Folgen der Erwärmung bis heute? Das arktische Eis und die Gletscher haben gelitten, der Meeresspiegel ist eine Handbreit angestiegen, die Erwärmung um weniger als 1 °C war aber so gering, dass es für den Menschen kaum direkt wahrnehmbar gewesen ist. Schauen wir uns ein paar Auswirkungen, so wie sie heute sind, etwas genauer an.

12.1 Des einen Eule ist des anderen Nachtigall

Das Schmelzen des sommerlichen arktischen Eises ist nicht nur für Eisbären von Bedeutung, es betrifft auch die Schifffahrt. Man könnte jetzt etwa von Rotterdam in Richtung Norwegen fahren und sich dann der 10°-Isotherme nähern. Anschließend fährt man seeseitig, parallel zur Isotherme, entlang der Nordküste Sibiriens, vorbei an Alaska in die Beringsee. Dann lässt man die Halbinsel Kamtschatka rechts liegen und kommt früher oder später nach Tokio. Das sind rund 14.100 km. Die Fahrt durch den Suezkanal wäre 21.100 km, d. h. 7000 km länger.

Das ist keine reine Phantasie mehr. Im Sommer 2009 fuhren zum ersten Mal zwei kommerzielle Frachter diese Route, allerdings in umgekehrter Richtung. Von Korea ging es nach Holland, ohne Hilfe von Eisbrechern - dank Global Warming. Es ist nicht nur ein Segen für die Seefahrt, sondern auch für den Norden Sibiriens, wo man sich eine Belebung von Wirtschaft und Verkehr entlang der Küste erhofft, die bislang, von ewigem Eis eingeschlossen, in einem frostigen Dornröschenschlaf gelegen hatte.

Das sind natürlich erfreuliche Nachrichten. Und auch den Eisbären wird nicht gleich die Scholle unter den Tatzen wegschmelzen; die haben Zeit, sich auf die neuen Verhältnisse einzustellen. Nüchtern betrachtet sind diese Folgen des Global Warming *heute* kein Problem.

Eine ganz andere Frage ist dagegen, wie die Entwicklung weitergehen wird. Vielleicht wird es ja doch noch einmal ziemlich ungemütlich, nicht nur für die Eisbären. Und es ist sehr fraglich, ob die heute propagierten

Maßnahmen, die nur sehr zögerlich und mit wenig Sachverstand umgesetzt werden, etwas dagegen bewirken können. Es ist nicht einmal gesichert, dass sie überhaupt in die richtige Richtung zielen. Aber dazu später noch mehr.

12.2 Global Warming und Hungersnöte

Wie ist das mit dem Verlust an landwirtschaftlich nutzbaren Flächen durch die Erderwärmung, der zu Hungersnöten, insbesondere in Afrika, geführt haben soll? Die Graphikauf der nächsten Seite stellt die Entwicklung der Bevölkerung des afrikanischen Landes Somalia dar. In den vergangenen 50 Jahren hat es ein Anwachsen von 3 Millionen Einwohnern auf über 9 Millionen gegeben. Im gleichen Zeitraum ist die mittlere Erdtemperatur von 14,6 auf 15,2 °C angestiegen. Wenn es heute Hungersnöte in diesem Land gibt, könnte das vielleicht auch etwas mit der Bevölkerungsexplosion zu tun haben? Aber es wäre politisch nicht korrekt, ein afrikanisches Volk für sein eigenes Schicksal verantwortlich zu machen.

Bevölkerungsexplosion ist übrigens nicht der einzige Grund für Nahrungsmangel. Es gibt noch andere Möglichkeiten dafür zu sorgen, dass ein Volk in Hunger und Elend vegetieren muss. Hier ein besonders tragisches Beispiel.

Eines der größeren Slums in Südafrika heißt Khayelitsha; es liegt rund zwanzig Kilometer südöstlich von Kapstadt und ist groß genug, dass es hier eigene Stadtteile gibt, darunter einen namens „Harare". Falls Ihnen dieser Name bekannt vorkommt: So heißt auch die Hauptstadt von Simbabwe. Dieses Land hieß früher Rhodesien und galt als „Kornkammer Afrikas"; man exportierte Lebensmittel, und die Bevölkerung fand Brot und Arbeit in der Landwirtschaft.

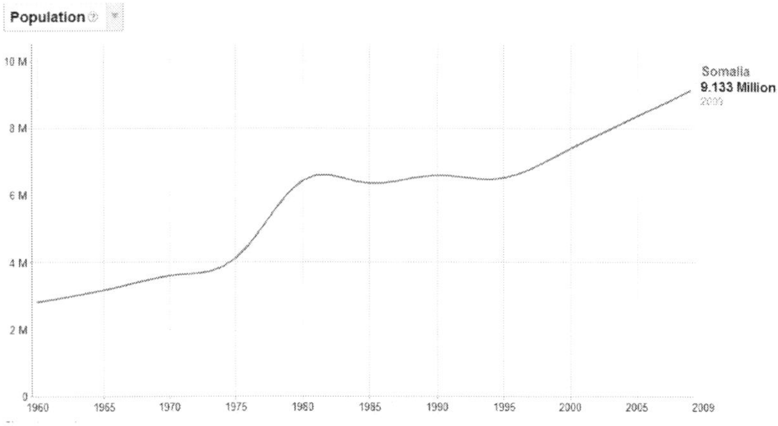

Das änderte sich, als das Land 1980 vom Kolonialismus befreit wurde und Robert Mugabe die Regierung übernahm. Die Farmen wurden den weißen Kolonialherren weggenommen und Mitgliedern der neuen regierenden Schicht übertragen. Von da an dauerte es noch 15 Jahre, bis Ackerbau und Viehzucht durch Korruption und katastrophales Missmanagement gründlich ruiniert waren.

Ein Großteil der Bevölkerung verlor die Existenzgrundlage und flüchtete in Nachbarländer, um zu versuchen, in den dortigen Slums halbwegs zu überleben. Einige ließen sich in einer Township in der Nähe von Kapstadt nieder und tauften ihre neue Heimat liebevoll „Harare". Während sie dort versuchen mit einem Dollar pro Tag zu überleben, quetscht Machthaber Mugabe, inzwischen seit über 30 Jahren an der Macht, die Überreste des einst blühenden Landes weiterhin aus wie eine Zitrone, um für sich und seine Getreuen neue Paläste zu bauen und teure Limousinen zu importieren.

Nicht immer ist also Global Warming die Ursache, wenn in Afrika ein Volk hungert. Aber die grünen Organisationen werden gnadenlos jede humanitäre Misere als wohlfeilen Anlass nehmen, um darauf hinzuweisen, was der Klimawandel anrichtet, um damit zu unterstreichen, wie wichtig sie doch selbst sind und wie recht sie schon immer hatten.

Was sind die Folgen der 1 °C Erwärmung? Ja, man kann spekulieren, dass Teile der Gletscher auf Grönland und in der Antarktis schmelzen und der Meeresspiegel steigt; dieser würde aber auch schon ohne Eisschmelze ansteigen, weil sich das Wasser mit der Temperatur ausdehnt. Aber nicht einmal das ist sicher, wenn wir die Graphik auf der folgenden Seite anschauen. Während der Meeresspiegel in den vergangenen Jahren durchschnittlich jeweils um 3,2 Millimeter gestiegen ist, so ist er im Jahr 2010 um 6 Millimeter gesunken. Warum? War El Niño schuld oder La Niña? Wir wissen es nicht.

Eis, welches im Meer schwimmt und schmilzt, so wie die Eiskappe um den Nordpol, verursacht übrigens kein Ansteigen des Meeresspiegels. Zum Ansteigen der Meere trägt nur Eis bei, welches bislang auf dem Festland gelagert hat, etwa auf dem antarktischen Kontinent oder Grönland.

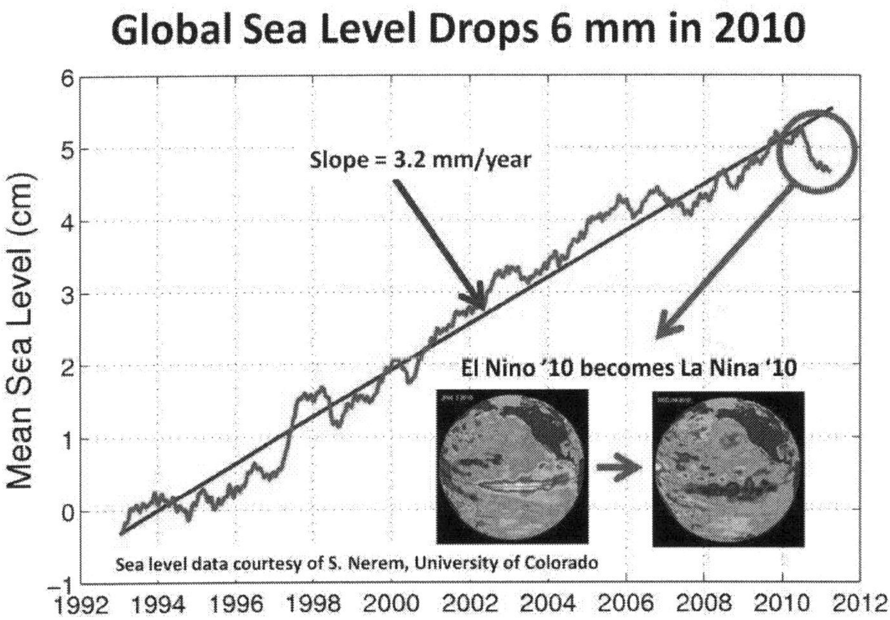

Wie viel sind die Meeresspiegel bis heute also angestiegen? Die Graphik zeigt uns, dass es pro Jahr 3,2 Millimeter waren, während 2010 ein schwer erklärbares Absinken beobachtet wurde. Es könnte sich um eine kühle Strömung handeln, vielleicht La Niña, die vorübergehend das Wasser veranlasst hat sich zusammenzuziehen. Allerdings muss man berücksichtigen, dass sich Wasser zwischen 0 und 4 °C bei Erwärmung erstaunlicherweise zusammenzieht. Würde also etwa eine Schicht Seewasser von 2 °C durch das Global Warming auf 4 °C gebracht, so würde sie schrumpfen, und zum Sinken des Meeresspiegels beitragen.

Wie Sie sehen, gibt es hier überall Wenn und Aber; dennoch haben wir wenig Grund, daran zu zweifeln, dass das Ansteigen des Meeresspiegels von Global Warming verursacht ist.

Sechs Zentimeter Anstieg des Wasserspiegels hört sich erst einmal nicht dramatisch an; da müssen eben die Gondoliere in Venedig den Kopf einziehen, wenn sie unter einer Brücke durchfahren.

Aber ganz so einfach ist es nicht immer. Überall dort, wo die Küsten sehr geringe Neigung haben, wird es Veränderungen geben. Das Wattenmeer ist so ein Fall. Auf viele Kilometer ändert sich das Niveau des Bodens nur um ein paar Meter. Wenn dann die übliche Flut kommt, dann wird eine ganze Landschaft unter Wasser gesetzt, und bei Ebbe liegt sie wieder trocken. Das passiert jeweils zweimal täglich. Die Neigung des Geländes ist dort so in der Größenordnung 1:1000.

In solchen Küstenregionen würde bei 6 cm Anstieg des Meeresspiegels das Wasser immerhin 60 m landeinwärts marschieren, und im Gegensatz zu den Gezeiten das eroberte Terrain auch nicht mehr freigeben. Der eine oder andere Strandkorb müsste dann landeinwärts bewegt werden, das eine oder andere Wochenendhaus vielleicht einen höheren Wall bekommen.

12.4 Tornados und kleinere Unwetter

Wie ist das mit den Tornados? Sind die häufiger und heftiger geworden? Im August 2005, als die USA mit den verheerenden Folgen von Hurricane Katrina kämpften, hatte der deutsche Politiker und Umweltspezialist Jürgen Trittin schon eine Antwort auf diese Frage: In besonders taktvoller Weise wies er den amerikanischen Präsidenten darauf hin, dass die

USA selbst an dieser Katastrophe schuld wären, weil sie so viel CO2 in die Luft pusteten, sodass sie sich über Katrina nicht zu wundern bräuchten und diese Lektion durchaus verdient hätten.

Wie viele andere grüne Politiker hat auch Jürgen Trittin eine sozialistische, USA-feindliche Grundeinstellung. Das ist eigentlich eine ganz erstaunliche Paarung von Ideologien, denn die sozialistische Welt war in Sachen Umwelt nie besonders vorbildlich, wenn man nur die verrottenden sowjetischen Atom-U-Boote im Polarmeer, das Katastrophenmanagement von Tschernobyl und die Braunkohle-Verschmutzung in der DDR betrachtet. Aber vielleicht gibt es ja doch eine Gemeinsamkeit zwischen sozialistischer und grüner Gesinnung: Ideologie hat Priorität vor der Realität.

Zurück zum Klimawandel: Hat es in den vergangenen 30 Jahren eine signifikante Zunahme von Tornados gegeben? Wir können das schwer sagen, denn erfreulicherweise waren es nicht genügend Wirbelstürme, um überhaupt irgendeine statistisch relevante Angabe machen zu können.

Da aber die Diskussion um Global Warming so stark in irrationales Terrain abgedriftet ist, wird jeder Bezug darauf von der Öffentlichkeit mit offenen Armen aufgenommen. Bei solchen Behauptungen wird keine Begründung verlangt; sie sind wahr, einfach weil man sie macht, weil sie konform mit dem geltenden Zeitgeist sind. Jeder Regenschauer, jeder heiße Sommertag wird heute als Gelegenheit benutzt, um Global Warming zu zitieren, als hätte es früher nie Platzregen oder brutale Hitze gegeben. Und jeder Tornado, zumindest wenn er die USA trifft, ist nur ausgleichende Gerechtigkeit für die Verschwendungssucht der kapitalistischen Supermacht.

Man kann allerdings keineswegs ausschließen, dass weitere Erwärmung in der Zukunft extreme tropische Wetterlagen in bisher gemäßigte Zonen bringen wird. Die Gesetze der Physik sprechen dafür.

Fazit 5:

Auch wenn es keinen Zweifel daran geben kann, dass die globale Durchschnittstemperatur um ein knappes Grad angestiegen ist, so ist es auch eine Tatsache, dass bis heute niemand durch den Klimawandel oder durch Naturereignisse, die dadurch ausgelöst wurden, zu Schaden gekommen ist. Was geschehen ist, wäre ebenso gut ohne jegliches Global Warming möglich gewesen.

Daraus darf man aber nicht schließen, dass es so bleiben wird. Weitere Erwärmung wird mit Sicherheit Veränderungen mit sich bringen, die von Unannehmlichkeiten für einige bis zur existentiellen Bedrohung ganzer Völker reichen könnten.

13 Zusammenfassung: Klimawandel, Fakt oder Artefakt?

Wenn Sie Discovery Channel schauen, dann kennen Sie die MythBusters, zwei unerschrockene Jungs, die gängigen Mythen und Aberglauben auf der Spur sind, um diese experimentell zu überprüfen und schließlich zu den Urteilen „widerlegt" („busted"), „bestätigt", „plausibel" oder „open verdict" zu gelangen. Was wir hier tun, ist ganz ähnlich.

Wir gehen kritisch an den Klimawandel heran, um Fakten und Artefakte, Tabus und Nonsens voneinander zu trennen. Dabei haben unsere Themen vermutlich weiterreichende Folgen als die unserer beiden Freunde. Ob ein fallendes Butterbrot tatsächlich lieber auf der trockenen Seite landet, hat weniger Konsequenzen als die Frage, ob die Menschheit gerade dabei ist, ihren Planeten unbewohnbar zu machen.

Lassen Sie uns der Reihe nach die sechs Aussagen zum Klimawandel, die sechs Thesen des Grünen Manifests, die wir in den vergangenen Kapiteln untersucht haben, in einer finalen Synopsis zusammenfassen.

1 

Die globalen Temperaturen steigen

Hier kommt es darauf an, was man mit „globaler Temperatur" meint. Wenn wir darunter den jährlichen Mittelwert von Tag und Nacht, Sommer und Winter, Arktis und Sahara, Land und See verstehen, dann stimmt das. Dieser ist in den vergangenen 50 Jahren von 14 °C auf 15 °C gestiegen. Das heißt aber nicht, dass es an jedem Fleck der Erde um ein Grad wärmer geworden wäre. Es kann durchaus Gegenden geben, wo die Temperatur in den letzten 50 Jahren gefallen ist. **Aussage 1 ist Fakt, sofern wir die richtige Definition von „Globaler Temperatur" verwenden.**

2 Die Konzentration von CO2 in der Atmosphäre wächst

Der Anteil von CO2 in der Atmosphäre ist in den letzten 50 Jahren von 300 auf 400 Teile pro Million angestiegen. So eine deutliche Änderung kann man zweifelsfrei messen. Hier kann es nur ein Urteil geben: **Aussage 2 ist Fakt.**

3 Die Zunahme von CO2 ist durch den Menschen verursacht

Die von der Menschheit in den vergangenen 50 Jahren in die Luft emittierte Menge an CO2 ist vergleichbar mit dem gemessenen Zuwachs in der Atmosphäre. Sie ist sogar größer. Irgendwo muss dieses Zeug ja bleiben. **Aussage 3 ist also Fakt.**

4 Die Erderwärmung ist durch die Zunahme von CO2 verursacht

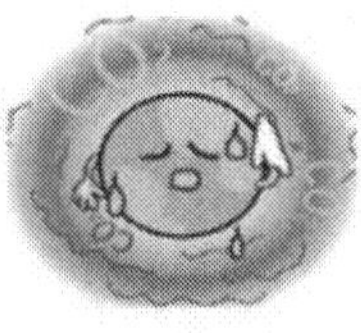

Es hat immer wieder, sogar in der Neuzeit, dramatische Temperaturschwankungen gegeben, die nicht durch vom Menschen geschaffenes CO2 verursacht waren. Die klimatischen Zusammenhänge sind zu wenig verstanden und es gibt zu viele Einflussfaktoren, als dass man die derzeitige Erwärmung primär auf den Faktor CO2 zurückführen konnte.

Andererseits hat CO2 durchaus einen gewissen Einfluss auf die Energiebilanz des Planeten, These 4 ist also auch nicht unbedingt „falsch". **Aussage 4 ist also eine Hypothese, die weder widerlegt noch bewiesen werden kann.**

5  Die Erwärmung gefährdet Lebensräume von Mensch und Tier

Die Erderwärmung wird, über die Temperatur hinaus, auf unsere Lebensbedingungen einwirken, etwa durch Ansteigen des Meeresspiegels oder durch Dürreperioden. Nachdem sich Mensch und Tier seit vielen Generationen den aktuellen Bedingungen angepasst haben, werden solche Veränderungen für die meisten Lebewesen eher nachteilig sein.

Die aktuelle Erwärmung um 1 °C in den letzten 50 Jahren hat mit Sicherheit keine Wetterphänomene oder Veränderungen verursacht, die nicht früher auch schon aufgetreten wären. Wie weit unser Habitat in Gefahr ist, hängt davon ab, ob und wie schnell die Temperatur zukünftig ansteigen wird. Darüber gibt es keinerlei zuverlässige Rechnungen. Auch ist völlig unklar, welche Veränderungen für unseren Lebensraum mit wie viel Grad Erwärmung einhergehen.

Aussage 5 ist eine Hypothese, die weder widerlegt noch bewiesen werden kann.

6 

Um zu überleben müssen wir den Ausstoß von CO2 stoppen

Die These hängt offensichtlich von Aussagen 4 und 5 ab. Falls These 4 zuträfe, nämlich dass der Mensch die Erwärmung verursacht, so wäre das eine gute Nachricht. Wir könnten dann auf den Verlauf der Dinge Einfluss nehmen. Wären aber die Sonne oder ozeanische Strömungen Schuld, dann könnten wir nichts tun, um die Erwärmung zu stoppen.

Wir könnten uns dann nur gegen die in These 5 angedrohten Veränderungen schützen. Solche Schutzmaßnahmen hätten zwei Vorteile:

1. Sie wären wirksam, egal wer oder was die Erwärmung letztlich verursacht, und

2. einzelne Länder oder Gemeinden könnten unabhängig voneinander sinnvolle Projekte durchführen.

„STOP CO2" wirkt ja nur, wenn alle großen Länder mitmachen – was nicht der Fall ist.

Fazit: Aussage 6 ist unbewiesen, weil Hypothese 4 unbewiesen ist. Sie ist darüber hinaus eindeutig falsch, falls sie als nationale und nicht globale Forderung verstanden wird.

Vielleicht sagen Sie jetzt: Typisch Physiker, dieser Autor, für den gibt es nur schwarz oder weiß. Die reale Welt aber hat viele Zwischentöne, und in dieser Welt müssen Entscheidungen gefällt werden. Da kann man nicht warten, bis die Herren Wissenschaftler die letzten theoretischen Zweifel beseitigt haben; bis dahin ist die Welt untergegangen.

Willkommen in der Welt der Politik.

TEIL 4

DIE POLITISCHE VERNUNFT LIEGT NICHT DORT, WO DIE MACHT LIEGT

Diese Klage vom Dichter und Nobelpreisträger Herman Hesse liegt ein paar Jahrzehnte zurück. Wie ist es im frühen 21. Jahrhundert? Sind Vernunft und Macht proportional verteilt? Könnte es sein, dass sogenannte Lobbys den Mächtigen etwas als vernünftig verkaufen, was in Realität nur deren eigenen Interessen dient und nicht dem Weltklima? Das wollen wir in diesem Teil des Buches untersuchen.

14 Die Autoritäten des Klimawandels

Es ist also eine verdammt schwierige Angelegenheit, vielleicht eine Unmöglichkeit, die Entwicklung des Klimas der Erde und den Einfluss der einzelnen Faktoren vorherzusagen. Es ist eine physikalisch/mathematische Herkulesaufgabe, zu deren Bewältigung es eines idealistischen Genies bedürfte, welches gegenüber irdischen Versuchungen unbestechlich wäre.

14.1 Das Herz eines Wissenschaftlers

Das Clay Mathematics Institute ist eine Stiftung mit Sitz in Cambridge, Massachusetts, welche sich der Förderung der Mathematik widmet. Das Institut hat zur kürzlich erfolgten Jahrtausendwende die sogenannten „Millennium Prize Problems“ definiert, sieben offene mathematische Fragen, auf deren Lösung ein Preisgeld von je einer Million Dollar ausgesetzt hat. Eines davon war die „Poincaré-Vermutung“, an der sich die Wissenschaft seit Beginn des zwanzigsten Jahrhunderts die Zähne ausgebissen hatte.

Aber schließlich kam Grigori Perelman, ein russischer Mathematiker, und präsentierte eine Lösung, die von der Handvoll Genies, die in der Lage waren zu verstehen, worum es bei der Poincaré-Vermutung überhaupt ging, als richtig gewertet wurde. Grigori wurde daraufhin der Millennium-Preis zugesprochen.

Allerdings hatte dieser weder Interesse an der Ehre noch an der Million. War er schon so reich, dass das Geld keinen Unterschied für ihn gemacht hätte? War er schon so berühmt, dass er die Ehre nicht mehr brauchte? Keines von beidem. Warum hat er dann so gehandelt?

Die Antwort, an der die Presse ein paar Tage lang rätselte, bis Grigori wieder in Vergessenheit geriet, ist nur allzu offensichtlich: Wäre er an Geld oder Ruhm interessiert, dann wäre er nicht in der Lage, das Rätsel der Poincaré-Vermutung zu lösen! Das Herz eines Wissenschaftlers hängt an der Ästhetik der reinen Logik, an der Kraft von Einsichten, die durch viel Disziplin und unbestechliche Gedankengänge erarbeitet werden können. So jemand legt keinen Wert auf Anerkennung durch eine

Öffentlichkeit, die seine Leistungen ohnehin nicht nachvollziehen kann. Grigori lehnte auch Interviews ab, weil es dort nie um seine Mathematik ging, sondern darum, was er am liebsten isst und ob er sich seine Zehennägel genauso wenig schneidet wie sein Haar. Vielleicht hätte so jemand wie er ja eine Chance, auch die Geheimnisse des Klimawandels zu lüften und nicht nur die Mysterien esoterischer mathematischer Probleme.

14.2 Die selbsternannten Experten

Dr. Rajendra Pachauri ist vermutlich aus einem anderen Holz geschnitzt als Grigori Perelman. Er ist Vorsitzender und Gesellschafter in einer Reihe von Institutionen und Firmen, welche in irgendeiner Form mit Umwelt zu tun haben und die sich gegenseitig mit Aufträgen versorgen. Nicht zuletzt ist er Millionär und Leiter des IPCC, des Intergovernmental Panel on Climate Change, einer Organisation der UNO, die schon in Kapitel 6.3 nicht gerade lobend erwähnt wurde. Das IPCC hatte nämlich veröffentlicht, man müsse damit rechnen, dass 2035 die Gletscher des Himalaja geschmolzen seien - eine Behauptung, die ebenso absurd ist wie die Vorhersage, dass die Erde 2012 mit dem Planeten Nibiru zusammenstoßen wird.

Dr. Pachauris Organisation hat aber noch anders auf sich aufmerksam gemacht: 2007, in einer Hackeraktion à la Wikileaks wurden E-Mails zwischen dem IPCC und der University of East Anglia (in der englischen Grafschaft Norfolk) gehackt und publik gemacht. Aus diesen ging hervor, dass das IPCC die Veröffentlichung von wissenschaftlichen Arbeiten der Universität im vierten IPCC Assessment Report verhindert hätte, weil es mit deren Aussagen nicht einverstanden war, weil sie nicht in die politische Linie des IPCC passten. Diese Affäre wurde unter dem Namen „Climategate“ bekannt, und sie brachte das IPCC in ziemliche Verlegenheit. Aber weder diese Affäre noch massive Anschuldigungen wegen finanzieller Unregelmäßigkeiten konnten Dr. Pachauri etwas anhaben.

Ich erwähne diese Persönlichkeit nun nicht, um mich darüber zu entrüsten, dass es solche Menschen auf unserem Planeten gibt. Das Profil eines Herrn Pachauri ist unter Funktionären in öffentlichen Ämtern sicherlich keine Seltenheit. Ich erwähne ihn, um herauszustellen, dass im IPCC vermutlich weder die wissenschaftliche Integrität noch die intellektuellen Qualifikationen vorzufinden sind, um auf einem so anspruchsvollen Gebiet wie dem Klimawandel gute, solide Arbeit zu leisten. Das Thema ist so kompliziert, voll von Parametern, die alle irgendwie gegenseitig voneinander abhängen, dass nur mit äußerster Selbstkritik und absoluter Objektivität die wahren Ursachen für den Klimawandel gefunden werden können, falls er denn wirklich stattfindet. Es ist eben eine Welt, in der man einen Grigori Perelman bräuchte.

Aber die weltweite Bruderschaft, die sich des Themas Global Warming bemächtigt hat, ist ja vielleicht gar nicht an gesicherten wissenschaftlichen Einsichten interessiert; sie muss Furcht und Ungewissheit schüren, denn inzwischen lebt ein gigantisches Konglomerat von Politik, Industrie und NGOs von genau dieser Furcht und Ungewissheit.

Und man lebt sehr gut davon: von der kritiklosen, großzügigen Förderung aller irgendwie grün angehauchter Projekte aus Steuergeldern, von Carbon Trading, von der Organisation internationaler Megakongresse in Cancun, Kyoto oder Durban, auf denen sich Gleichgesinnte gegenseitig Medaillen umhängen und alternative Nobelpreise verleihen. Was könnte es denn Schöneres geben, als in der Welt herumzureisen, der Öffentlichkeit zu versichern, dass man gut und wichtig ist, und sich dabei gleichzeitig gründlich die Taschen zu füllen.

Wir können also davon ausgehen, dass das, was von diesen höchsten Gremien in Sachen Umwelt verbreitet wird, primär Public Relations dient, dass dessen Substanz aber aus wissenschaftlicher Sicht irrelevant ist. Die einzigen brauchbaren Erkenntnisse können wir von unabhängigen akademischen Instituten erwarten, denen es gelungen ist, ihre wissenschaftliche Integrität vor opportunistischen und ideologischen Einflüssen zu bewahren.

TIME **Science**

SEARCH TIME

Main | Ecocentric | Going Green | Space & Astronomy | Oceans | Videos

GOING GREEN

Another Year, Another U.N. Climate Change Summit: Expect Big Talk in Durban, and Few Results

By **BRYAN WALSH** Tuesday, Nov. 29, 2011

Vielleicht ist das ja die eigentliche Bedeutung des Titels von Al Gores Film „An Inconvenient Truth". Es wäre tatsächlich eine unbequeme Wahrheit für die Bruderschaft der grünen Millionäre, wenn sich die Erkenntnis durchsetzen würde, der Klimawandel wäre nicht vom Menschen verursacht, sondern von gewissen Menschen erfunden.

Verstehen Sie mich nicht falsch, ich will gar nicht behaupten, dass dies der Fall sei; ich kann es gar nicht behaupten, genauso wenig wie irgendjemand das Gegenteil behaupten kann. Ich will nur diese Möglichkeit zur Diskussion stellen und im Weiteren noch beleuchten.

Rio +20 Earth Summit Produces "283 Paragraphs of Fluff"

Jun 27 2012

Feature Stories | Published **27 Jun 2012, 10:23 am** | **No Comments**

Ein paar Meter unter der Erde an der französisch-schweizerischen Grenze bei Genf liegt eines der bedeutendsten Monumente europäischer Kultur des 20. und 21. Jahrhunderts vergraben: das Laboratorium für Hochenergiephysik mit dem Namen CERN. Hochenergie soll nicht etwa heißen, dass hier viel Energie erzeugt oder an neuen Energiequellen gearbeitet würde, ganz im Gegenteil. Hier werden ungeheure Mengen an Energie aus dem Stromnetz gezogen, um eine gigantische Maschinerie zu betreiben, welche die kleinsten Teilchen der Materie wie Protonen oder Atomkerne auf hohe Geschwindigkeiten, d. h. hohe Energien beschleunigt, um sie dann mit anderen Teilchen kollidieren zu lassen. Dabei passieren interessante Dinge, die man mit recht aufwendigen Apparaturen beobachten kann.

Es ist Grundlagenforschung im wahrsten Sinne des Wortes - um zu erkennen, was die Welt im Innersten zusammenhält -, und praktischer Nutzen ist von den Ergebnissen kaum zu erwarten. Allerdings sollte man an dieser Stelle nicht unerwähnt lassen, dass hier am CERN der britische Physiker Tim Berners-Lee eher nebenher das Internet erfunden hat; es ist sozusagen ein Spin-off der Elementarteilchenphysik.

Die eigentliche Anstrengung gilt derzeit der Suche nach dem H-Boson, einem Teilchen, welches theoretisch existieren sollte, in der Praxis aber noch nicht beobachtet wurde. Um dieses H-Boson zu finden, werden Milliarden investiert, Tausende Menschen arbeiten seit Jahren fieberhaft an komplizierten Maschinen, und bisher hat man es nicht gefunden.

Was für ein Aufwand! Warum ruft man nicht die 20 renommiertesten Experten zusammen, lässt sie ein paar Tage diskutieren und am Ende sollen sie einen Konsens finden, ob das verdammte H-Boson nun existiert oder nicht. Das wäre billiger und man käme schneller voran, als wenn man lange herumexperimentiert.

Vielleicht werden Sie jetzt einwenden, dass man so keine Wissenschaft betreiben kann, dass auf diese Weise keine gesicherten neuen Erkenntnisse geschaffen würden. Sie würden einwenden, dass mit dieser Konsensmethode die Menschheit heute noch glauben würde, die Sonne drehe sich um die Erde.

Nun, nicht überall ist man so zimperlich mit der wissenschaftlichen Methodik. Wenn es dem höchsten Gremium in Sachen Klimawandel, dem IPCC, an klaren Nachweisen fehlt, dann einigt man sich einfach darauf, wie die Wirklichkeit beschaffen ist. Man findet „Konsens", der meist mit der politischen Agenda gut verträglich ist und der von Schwesterorganisationen wie Greenpeace oder WWF noch unterstützt wird. Konsens wird so zur Wahrheit und die Wahrheit wird zur Wirklichkeit gekürt.

Das ist eine verhängnisvolle Vorgehensweise, die sich bei der Vermischung von Umweltpolitik und Wissenschaft so nebenher eingebürgert hat. Während sich in der Politik alles um Mehrheiten dreht, geht es in der Wissenschaft um Wahrheiten. Mehrheitliche Meinungen sind kein Beweis dafür, dass etwas richtig ist. Wenn man Erkenntnisse über die Wirklichkeit sucht, dann ist Konsens gleich Nonsens. Ein Großteil dessen, was uns als wissenschaftliche Erkenntnis über den Klimawandel verkauft wird, ist in Wirklichkeit ein Haufen von Behauptungen. Diese Behauptungen mögen plausibel sein, aber Plausibilität ist etwas anderes als bewiesene Erkenntnis.

Nehmen wir an, jemand wird in die Notaufnahme eines Hospitals eingeliefert. Die Symptome lassen keine klare Diagnose zu. Die Fachärzte haben unterschiedliche Vermutungen, aber sie sind sich in einem Punkt einig: Der Patient ist in äußerst kritischem Zustand und wird nicht überleben, falls nicht schnellstens das Richtige getan wird.

Es würde nun nicht den geringsten Sinn machen, wenn die Spezialisten sich im Konsens auf eine bestimmte Diagnose einigen würden, etwa Blinddarm, um dann die entsprechende Operation durchzuführen. Sie werden sich aber recht schnell auf eine Vorgehensweise einigen müssen, *ohne* genau zu wissen, was das Problem ist. Diese Vorgehensweise könnte unterstützende Maßnahmen für die Körperfunktionen und diagnostische Verfahren beinhalten. Sie wird hoffentlich so ausgelegt sein, dass das Gesamtrisiko für den Patienten dabei minimiert wird.

Die Ärzte führen also – intuitiv oder explizit – eine Risikoanalyse durch, bei der die Wahrscheinlichkeiten bestimmter Sachverhalte und deren Tragweite für den Patienten eine Rolle spielen. Zu diesem Thema mehr im übernächsten Kapitel. Was hier zunächst deutlich gemacht werden soll: Auch wenn es nicht möglich ist, eine Diagnose zu stellen, so kann und muss man sich doch auf eine Vorgehensweise einigen. Der Konsens über das Vorgehen ist aber keineswegs ein Konsens über die Diagnose - denn die kann nur aufgrund von medizinischer Erkenntnis gestellt werden, nicht durch Konsens.

Zur Diagnose des Zustandes von Mutter Erde gibt es Erkenntnisse: Ja, die hat ein knappes Grad erhöhte Temperatur; ja, sie hat heute deutlich mehr CO2 in der Atmosphäre als vor 50 Jahren; ja, das wurde von der Menschheit durch Verfeuerung fossiler Brennstoffe verursacht. Aber ein entscheidender Punkt ist ungeklärt: Ob die Erwärmung durch das CO2 verursacht wird. Über diesen entscheidenden Punkt muss man so schnell wie möglich Klarheit gewinnen. Wie soll das funktionieren?

14.4 Mathematisches Modellieren

Lassen Sie uns an einem einfacheren Beispiel erläutern, wie die Wissenschaft das herauszufinden versucht.

Stellen Sie sich vor, Sie hätten gerade einen Imbissstand eröffnet und machen die interessante Erfahrung, dass Sie zu manchen Zeiten mehr verkaufen als zu anderen. Sie wollen wissen, warum. Dazu notieren Sie für jede Bratwurst oder Frikadelle, die über den Tresen geht, die Uhrzeit und rechnen aus, wie viel in jeder Stunde des Tages verkauft wurde. Das können Sie dann in einem Bildchen darstellen, auf dem zunächst einmal eine wilde Zickzack-Linie zu sehen ist. Aber trotz allem Chaos erkennen Sie eine gewisse Regelmäßigkeit: Zur Mittagszeit und nach fünf Uhr klingelt die Kasse besonders häufig, dazwischen ist es weniger hektisch. Sie haben also einen Zusammenhang zwischen Uhrzeit und Umsatz entdeckt.

Aber nicht nur das, Sie haben auch eine Theorie, ein „Modell“, warum das so ist: In der Mittagspause sitzen die Menschen nicht am Schreibtisch, sondern dürfen sich frei bewegen. Außerdem haben sie Hunger. So gibt es also eine gewisse Wahrscheinlichkeit, dass der eine oder andere Büroarbeiter aus der Umgebung in Ihrem Imbiss landet.

Diesen Zusammenhang könnten Sie durch eine mathematische Formel ausdrücken. Da die Sache sich alle Tage mehr oder weniger ähnlich wiederholt, werden Sie eine periodische Funktion, so etwas wie Sinus oder Kosinus oder eine Kombination davon nehmen, um Ihren Umsatz abzubilden. Das geht gut, bis das Wochenende kommt, da ist dann plötzlich alles anders. Aber auch dafür könnten Sie eine Theorie aufstellen, ein Modell finden. Wenn Sie diese Beobachtungen und Analysen für längere Zeit durchführen, dann werden Sie auch noch jahreszeitliche Schwankungen beobachten, und auch dafür kann man eine Begründung finden, und dann eine mathematische Gesamtformel aufstellen, in der all die verschiedenen Abhängigkeiten berücksichtigt sind.

Nehmen wir an, Sie stellen dabei zu Ihrer Sorge einen kontinuierlichen, langfristigen Rückgang des Umsatzes fest, unabhängig von Jahres-, Wochen oder Tageszeiten. Was ist der Grund? Sie vermuten, es könnte mit der Dönerbude ein paar Straßen weiter zusammenhängen. Ihr Geschäftskollege glaubt eher, dass es an der Konjunktur liegt. Können die Zahlen darauf eine Antwort geben? Dazu bräuchten Sie zuerst ein Modell: Wie würde sich der Konjunkturrückgang in den Zahlen ausdrücken, und wie die Dönerbude? Dieses Modell vergleichen Sie dann mit den realen Zahlen und erkennen, ob es richtig ist oder nicht.

Aber Sie können sich auf kein Modell einigen. Sollte ein Rückgang der Konjunktur nicht gerade zu mehr Absatz führen? Die Leute können es sich nicht mehr leisten, in das italienische Restaurant gegenüber zu gehen, aber hungrig sind sie trotzdem. Andererseits ist ein Döner immer noch das Billigste. Sie können also kein gesichertes Modell bezüglich des Zusammenhangs Umsatz/Konjunktur/Döner aufstellen.

Sie und Ihr Kollege versuchen, in hitzigen Diskussionen Konsens zu finden, denn Sie müssen die richtige Strategie entwickeln, um das Geschäft zu retten. Und diese Strategie würde vermutlich für die beiden Fälle unterschiedlich aussehen. Und wenn sie nicht gestorben sind, dann diskutieren sie noch heute ...

Sie sind an die Grenze der Aussagefähigkeit gelangt und haben erkannt: Ohne eine zutreffende Theorie, ohne ein gesichertes Modell kann man aus den Zahlen nicht die gewünschte Information herausprügeln.

Das Wetter auf unserem Planeten und das Klima - d. h. die Mittelwerte des Wetters über längere Zeiträume - haben etwas mit dem Umsatz der Imbissbude gemeinsam: Es gibt periodische Veränderungen im Tag- und Nachtrhythmus sowie mit den Jahreszeiten und es gibt auch langfristige Trends. Und auch hier können wir mathematische Modelle erstellen, welche die Wirklichkeit mehr oder weniger gut wiedergeben. Wir können die Wirklichkeit dann gut modellieren, wenn wir die inneren Mechanismen des Systems und den Effekt äußerer Einflüsse gut verstehen und eine gute Theorie haben.

Beim Wetter sind etwa die Zusammenhänge, die zum Tag-/Nachtrhythmus der Temperatur führen - ähnlich wie bei der Imbissbude - ziemlich offensichtlich. Tagsüber heizt die Sonne die Erde auf und nachts strahlt Mutter Erde ihre Wärme in den Kosmos ab. Dadurch kühlt sie sich immer mehr ab - bis die Sonne wieder aufgeht. Also sollte es so um sechs Uhr in der Früh am kältesten sein, kälter als um Mitternacht. Stimmt! Ergo: Die Kenntnis der theoretischen Zusammenhänge hat uns ein brauchbares Modell beschert.

Die langfristigen Trends sind aber eher geheimnisvoll. Hier sind die Zusammenhänge kompliziert, und es gibt sehr viele Einflüsse, die außerdem noch gegenseitig miteinander in Wechselwirkung stehen, die also nicht unabhängig voneinander ablaufen.

Das IPP, das International Panel on Climate Change, hat 2007 eine Liste der Einflussfaktoren auf den Klimawandel zusammengestellt - die Liste die Sie ein paar Seiten vorher schon gesehen haben - und hat dazu angegeben, wie hoch das Verständnis in jedem einzelnen Fall ist.

Hier das Ergebnis:

Level of Scientific Understanding of Different Forcing Agents IPCC Assessment Report (2007)	Level
Long-lived greenhouse gases	High
Stratospheric ozone	Medium
Tropospheric ozone	Medium
Stratospheric water vapor from CH4	Low
Direct Aerosol	Medium to Low
Cloud albedo effect (all aerosols)	Low
Surface albedo (Land Use)	Medium to Low
Surface albedo (BC aerosol on snow)	Low
Persistent Linear Contrails	Low
Solar irradiance	Low
Volcanic aerosol	Low
Stratospheric water vapor from causes other than CH4 oxidation	Very Low
Tropospheric water vapor from irrigation	Very Low
Aviation-induced cirrus	Very Low
Cosmic Rays	Very Low
Other surface effects	Very Low

Das sind also eine ganze Reihe von verschiedenen Faktoren, die unser Klima bestimmen; das Schlimme dabei ist, dass man von den meisten Mechanismen wenig oder sehr wenig versteht (Level of Scientific understanding: Low oder Very Low). Wenn ich mit diesem Wissen nun, ähnlich wie bei der Imbissbude, ein mathematisches Modell aufstelle, um einerseits zu erkennen, wie sich das CO2 aufs Klima auswirkt, andererseits um vorauszuberechnen, wie die Temperatur in ein paar Jahrzehnten wohl aussehen wird, so ist das ein ziemlich aussichtsloses Unterfangen.

Ohne gutes theoretisches Verständnis kann ich kein brauchbares Modell erstellen.

Auf der Graphik unten sehen Sie die Folgen, wenn man trotz mangelnden Wissens mathematische Modelle erstellt. Verschiedenen Experten haben hier für den zu erwarteten Anstieg der mittleren Temperatur bis 2100 gemacht. Die Vorhersagen schwanken zwischen 0,8 Grad und 6,0 Grad. Ein Ergebnis, welches klar macht, wie sehr man im Dunkeln tappt. Es zeigt, dass man bisher keine brauchbare Theorie und kein funktionierendes Modell für die Prognose zur Verfügung hat - und vielleicht auch nie haben wird.

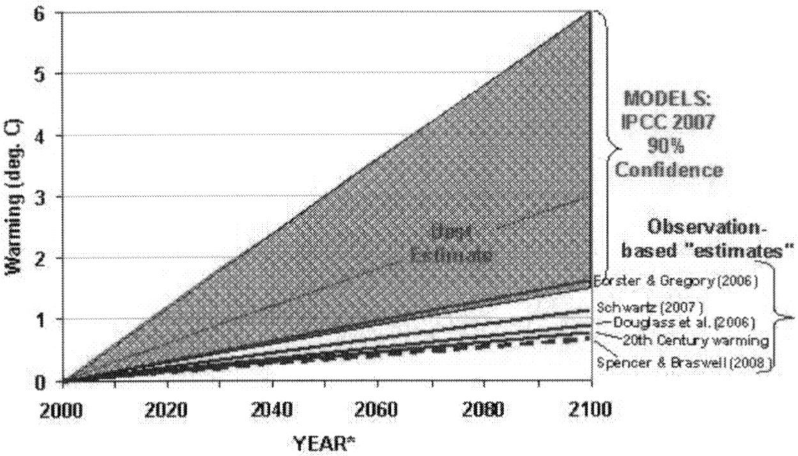

Diese Unsicherheit kann auch nicht durch den Einsatz besserer Computer korrigiert werden. Es fehlt einfach am wissenschaftlichen Verständnis der mathematischen Zusammenhänge der einzelnen Einflussfaktoren. Hier gilt der zweite Hauptsatz der Informationstechnologie: Garbage in - Garbage out. Bei der Imbissbude kann ich die Unsicherheit bezüglich der Ursache des Rückganges des Absatzes auch nicht durch den Einsatz eines größeren Computers aus der Welt schaffen.

Was sollen wir nun in dieser Situation machen? Einerseits sind wir nicht sicher, um wie viel die Temperatur steigen wird und ob unsere CO2-Emission daran überhaupt Schuld ist, andererseits wären die Folgen weiterer Erwärmung recht bedrohlich.

In kleinerem Maßstab sind wir diesem Typ von Dilemma sehr häufig ausgesetzt. Wir wissen nicht, ob unsere Imbissbude im nächsten Jahr noch Gewinn machen wird oder nicht. Sollen wir den Mietvertrag verlängern?

Wir müssen uns mit dem beschäftigen, wovon die Versicherungen leben: mit Risikomanagement.

15 Risikomanagement

15.1 Das Leben ist riskant

Haben Sie jemals daran gedacht, dass morgen ein Meteor auf Ihr Haus stürzen könnte und nichts als Schutt und Staub zurückbleibt? Sie sagen, das wäre sehr weit hergeholt und dass Sie andere Sorgen hätten? Vielleicht haben sich das die Dinosaurier vor 65 Millionen Jahren auch gesagt. Und dann kam doch alles ganz anders.

Spaß beiseite; wenn sich jemand tatsächlich Sorgen machen würde, von einem Meteor getroffen zu werden, dann würden wir uns Sorgen um *ihn* machen - wegen seiner psychischen Gesundheit. Warum ist es vernünftig, dieses Risiko zu ignorieren? Immerhin würden wir einen Meteor voraussichtlich nicht überleben! Nun, wir geben der Sache nur eine sehr geringe Eintrittswahrscheinlichkeit. Wir betrachten die Tragweite für unser Leben und die Chance, dass es wirklich passiert gemeinsam und kommen zu der Überzeugung, dass wir das Ganze am besten aus unseren Überlegungen streichen, dass wir ein für alle Mal auf Gegenmaßnahmen verzichten.

Manche denken da übrigens anders als Sie und ich. Der von den Mayas für Ende 2012 vorhergesehene Weltuntergang, verursacht durch eine Kollision mit dem bislang nicht beobachteten Planeten Nibiru, wird von einer Schar teils ängstlicher, teils hoffnungsvoller Adepten durchaus als realistisches Risiko eingestuft. Und erfreulicherweise gibt es für Interessierte auch Schutz vor der totalen Vernichtung. Ein kleines Dorf, irgendwo in den Bergen in Frankreich soll auf geheimnisvolle Weise vom Untergang verschont bleiben. Immobilien in diesem Ort erfreuen sich jetzt unerwarteter Nachfrage und sind im Wert um 300 % gestiegen (kein Witz). Das ist praktiziertes Risikomanagement.

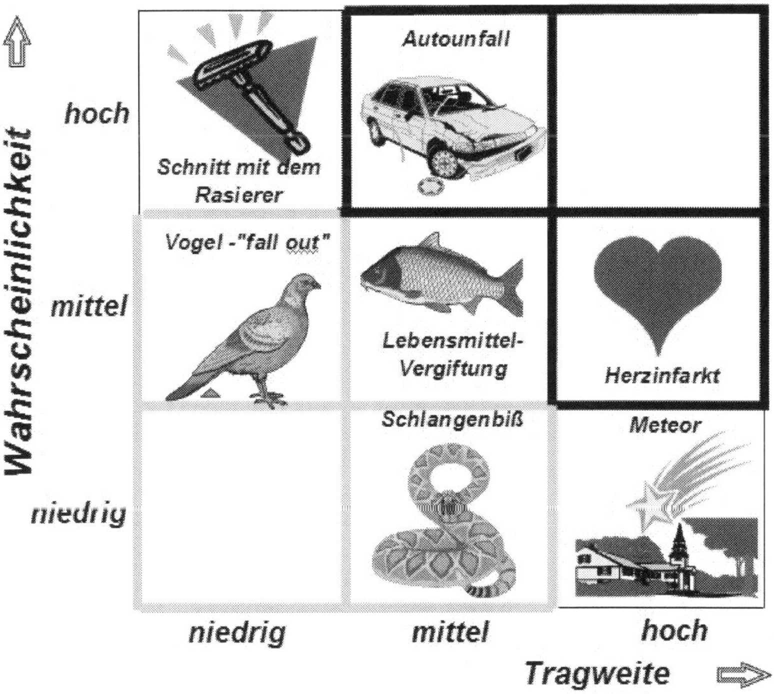

Lassen Sie uns die beiden Parameter von Risiken, nämlich Wahrscheinlichkeit und Tragweite, jeweils als „niedrig“, „mittel“ und „hoch“ klassifizieren; dann können wir die Risiken in unserem Leben in ein simples Raster einordnen. Dabei ist die Standardregel: Alle Kombinationen hoch/hoch oder mittel/hoch müssen behandelt werden.

In unserem Bildchen wären das z. B. der Herzinfarkt oder der Autounfall. Für beide Gefahren versuchen wir uns zu wappnen, durch gesunde Ernährung und Sport im einen Fall, durch gute Bremsen und Airbags im anderen. Wir würden es als verantwortungslos betrachten, es nicht so zu tun.

Andererseits vergessen wir alle Risiken der Verbindung niedrig/niedrig und mittel/niedrig. Also die Gefahr, in Deutschland von einer Schlange gebissen zu werden - mittlere Tragweite, niedrige Wahrscheinlichkeit -, ignorieren wir. Es wäre absurd, den ganzen Tag ein Köfferchen mit Antiserum und Injektionsspritze mit sich herumzutragen.

Bei den verbleibenden Risiken, denen auf der Diagonalen in unserem Bild, entscheiden wir situativ, was zu tun ist. Wir vergleichen Kosten und Nutzen einer möglichen Gegenmaßnahme. So können wir das Risiko einer Lebensmittelvergiftung dadurch reduzieren, dass wir nicht in Restaurants essen. Für manchen mag das ein zu großer Verzicht sein, um diesem, immerhin nicht unbedingt tödlichen Risiko vorzubeugen. Unsere Einstellung wird sich vermutlich aber schnell ändern, wenn man uns vor einer Woche gerade den Magen ausgepumpt hat, weil der Kugelfisch in der neuen japanischen Sushibar anscheinend nicht richtig zubereitet war.

Was passiert, wenn wir uns mit dem Instrumentarium der Risikoanalyse unserer Problematik des Global Warming zuwenden, das sehen wir im nächsten Kapitel.

15.2 Drei Schwestern

Bevor wir uns den Kopf über Wahrscheinlichkeiten und Tragweiten zerbrechen, sollten wir erst einmal festhalten, welche Alternativen wir genau beurteilen, welche verschiedenen Szenarien wir bewerten wollen. Es soll uns ja nicht so gehen wie den zwei Playboys, die sich am Morgen nach einer durchzechten Nacht über die auf der gestrigen Party anwesende Weiblichkeit unterhalten. Die beiden hatten ein System - ähnlich unserer Risikomatrix -, in der Kandidatinnen nach den beiden Kriterien „Zugänglichkeit“ und „Attraktivität“ klassifiziert wurden. Und auch hier waren, der Einfachheit halber, nur die Bewertungen „niedrig“, „mittel“ und „hoch“ möglich.

Kombinationen „hoch“ und „mittel“ bzw. hoch/hoch, also sehr attraktiv und sehr zugänglich etc., wurden pauschal als „Top Targets“ bezeichnet, Kombinationen „niedrig/niedrig“ oder „mittel“ mit „niedrig“ als „Wallflowers“ abgetan; und die Kandidatinnen auf der Diagonalen würden situativ behandelt werden.

Der eine schwärmt nun von der Tochter des Hauses, die für ihn ein klassisches Top Target war - sehr attraktiv und sehr zugänglich. Sein Kumpel hat da eine andere Meinung: Er gibt ihr die Note mittel/niedrig, will heißen halbwegs zugänglich, aber unattraktiv, eine typische Wallflower. Man versichert sich nun gegenseitig, dass der jeweils andere offensichtlich hackedicht gewesen sein muss, denn nur so könne man zu einer derartigen Fehleinschätzung kommen.

Nach ein paar Tassen Kaffee und weiterer Analyse erkennen sie dann, wie es zu der Diskrepanz kommen konnte: Es gab nicht nur eine Tochter des Hauses, sondern derer drei, und die Jungs hatten bei ihrer Bewertung unterschiedliche Kandidatinnen im Auge gehabt. (An dieser Stelle soll zur Verteidigung der beiden Machos angemerkt werden, dass die Begebenheit viele Jahre zurückliegt, in einer Zeit, als Political Correctness in Genderfragen ebenso unbekannt war wie iPhones oder gentechnisch veränderter Mais.)

Wenn wir uns wieder unserem eigentlichen Thema Global Warming zuwenden, dann soll es uns nicht so gehen, wie den beiden Playboys. Wenn wir Risiken bewerten, dann müssen wir erst einmal ganz sicher sein, dass wir über dieselben Sachverhalte, über dieselben „Szenarien" diskutieren, die da eintreten sollen oder besser gesagt nicht eintreten sollen. Lassen Sie uns drei unterschiedliche Sachverhalte auseinanderhalten.

15.3 Die drei Szenarien

So wie die drei Schwestern im vorigen Kapitel gibt es grundsätzlich auch drei denkbare Szenarien zum Klimawandel, die mehr oder weniger offen diskutiert werden, die mehr oder weniger politisch korrekt sind. So wie die drei Schwestern haben sie drei Namen. Die älteste heißt Apoka (von Apokalypse), die mittlere Fatima (von Fatalismus) und die jüngste Optima (von Optimismus). Ich stelle sie Ihnen jetzt vor und versuche dabei objektiv zu bleiben; ich versuche, keine der drei besonders hübsch oder charmant erscheinen zu lassen.

Die Kassandra unter den Schwestern – genannt Apoka steht für folgendes Szenario:

Die Erde erwärmt sich durch das von der zivilisierten Welt produzierte CO2 und andere sogenannte Treibhausgase. Die Folgen dieser Erwärmung sind auf jeden Fall eine erhebliche Einbuße an Lebensqualität für

Mensch und Tier, wahrscheinlich aber hat sie schlimmere Konsequenzen: Verlust an Lebensraum durch Überschwemmungen und andere Naturkatastrophen, Verbreitung von tropischen Krankheiten und Mangel an Nahrung, daraus resultierende unbeherrschbare bewaffnete Konflikte. Die Folge davon sind Millionen von Toten und die Rückkehr in eine prä-zivilisierte Welt.

Auch wenn die Erwärmung bis heute keine großen Katastrophen verursacht hat, so ist das kein Grund zur Beruhigung; es wird in den kommenden Jahrzehnten dramatische Veränderungen geben.

Fatima ist folgender Meinung:

Die Erde erwärmt sich, aber die Erwärmung ist weder von Menschen gemacht noch vom Menschen beeinflussbar. Es ist eben eine unabwendbare Veränderung, bedingt durch stärkere Aktivität der Sonne oder andere natürliche Phänomene. Klimawandel dieser Art - mit Eiszeiten und Hitzeperioden - hat es in der Erdgeschichte schon öfters gegeben und sie hatten existentielle Konsequenzen für Menschen, Tiere und Pflanzen. Man konnte noch nie etwas dagegen tun, und wir können es auch heute nicht.

Fatimas Vision ist also pessimistischer als die von Apoka, die uns zumindest noch die Chance eines Eingreifens lässt, um das Schlimmste abzuwenden.

Optima ist die junge Optimistin:

Sie hat die Vision, es ändere sich überhaupt nichts. Sie ist der Meinung, dass durch Politik und Medien der Boden für Hysterie so aufbereitet wurde, dass jeder heiße Sommertag, jede Überflutung, jeder heftige Regenschauer als Indiz für Klimawandel interpretiert wird, während in Wirklichkeit das Wetter vor 20 oder 100 oder 1000 Jahren nicht viel anders war als heute. Es hat schon immer Dürren, Überschwemmungen und Wirbelstürme gegeben und die Menschheit hat überlebt. Heute wird man eben durch die Medien über jedes Ereignis dieser Art informiert, und niemals fehlt der warnende Zeigefinger in Richtung CO2, auch wenn nichts bewiesen ist.

Optima ist also der Meinung, dass es, zumindest in Hinblick auf das Klima, für die Menschheit keinen Grund gäbe, sich Sorgen zu machen, und dass es keinen Anlass gibt, das Verhalten zu ändern.

Sicher haben Sie, lieber Leser, eine Tendenz zu einer der drei Schwestern. Ab diesem Moment ist es Ihnen aber verboten, sich noch weitere Gedanken zu machen, welche der drei Schwestern wohl recht hat. Wir wissen es einfach nicht, und solange wir keine neuen Erkenntnisse haben, ist diese Diskussion müßig und lenkt nur vom Wesentlichen ab.

Wir stellen uns jetzt vor, wir wären die Herrscher der Welt und hätten die Verantwortung und die Macht, hier und heute die richtigen Gegenmaßnahmen zu ergreifen, *ohne zu wissen, welche der drei Schwestern recht hat!* Was wären dann die „richtigen" Entscheidungen?

15.4 Aktive und passive Sicherheit

Gute Politik zeichnet sich dadurch aus, dass auch in Situationen der Unklarheit nützliche Entscheidungen getroffen werden. Insofern war Winston Churchill sicherlich ein guter Politiker.

Was müssen wir also unternehmen, um uns für alle drei möglichen Szenarien, für alle drei Schwestern zu wappnen? Die jüngste stellt uns vor keine großen Probleme. Falls sie recht hat, können wir so weiter machen wie bisher, zumindest was das Klima anbelangt. Und unabhängig davon, wie hoch die Wahrscheinlichkeit ist, dass sie recht hat – wir machen es *ihr* auf jeden Fall recht, wenn wir nichts tun.

Fatima macht es uns da nicht so einfach. Sie ist der Meinung: Global Warming *ja*, aber wir können es nicht beeinflussen. Es sind höhere Mächte, die uns das Problem bescheren. Müssen wir also die Hände in den Schoss legen und abwarten, was da kommt? Keineswegs. Auch wenn wir die Wahrscheinlichkeit des Eintreffens des Unheils nicht ändern können, so können wir doch den Schaden begrenzen, der auf uns zukommt.

Das ist so, wie wenn wir mit dem Auto in den Supermarkt um die Ecke fahren, um ein paar Joghurt und ein Kilo Tomaten zu kaufen. Es könnte sein, dass wir einen Unfall haben, aber wir wissen es nicht. Wir legen also den Sicherheitsgurt an – in Deutschland ist das sogar Vorschrift.

Wird dadurch die Wahrscheinlichkeit eines Unfalls geringer? Natürlich nicht. Aber die Konsequenzen würden reduziert, falls es tatsächlich kracht. Statt mit einem zerschnittenen Gesicht kommen wir dann mit einem blauen Fleck an der Schulter nach Hause. Kein großes Problem, wir legen uns auf die Couch, entspannen, und Einkaufen gehen wir morgen.

Die Verrenkungen, die notwendig sind, um den Gurt anzulegen, nehmen wir in Kauf, weil der potentielle Nutzen diese Widrigkeit aufwiegt. Während die Risikobetrachtung eines Unfalls mit Personenschaden ohne Sicherheitsgurt etwa die Bewertung „hohe oder mittlere Wahrscheinlichkeit"/„mittlere Tragweite" erzielt, so reduziert sie sich jetzt, mit Gurt, auf „hohe Wahrscheinlichkeit"/„niedrige Tragweite".

Der Gurt leistet einen Beitrag zur „passiven Sicherheit". Er verringert nicht die Wahrscheinlichkeit eines Unfalls, aber seine Tragweite. Maßnahmen, welche die Wahrscheinlichkeit des Unfalls reduzieren, gehören zur „aktiven Sicherheit", etwa ABS oder gute Reifen, mit denen man auch bei Regen noch wirkungsvoll bremsen kann, bevor man auf den Vordermann auffährt.

Fatimas Vision ist von hoher Wahrscheinlichkeit und hoher Tragweite. Denn dass es wärmer geworden ist, daran gibt es kaum Zweifel. Und dass das Ganze wieder einmal eine Laune der Natur sein könnte, so wie damals anno 1817, als das arktische Eis schon einmal zusammenschmolz, ist durchaus plausibel.

Die Folgen für Mensch und Tier sind ganz erheblich, insbesondere wenn man damit rechnet, dass der Erwärmungsprozess kontinuierlich so weitergeht. Wir müssen also Maßnahmen ergreifen, die dafür sorgen, dass der Schaden, den wir durch die Erwärmung erleiden werden, sich in Grenzen hält. Windmühlen und Solarzellen sind Dinge, die in diesem Szenario nichts nützen, denn nach Fatimas Philosophie ist Global Warming von Gott gegeben, d. h. die Wahrscheinlichkeit ihres Eintretens können wir nicht ändern, ebenso wenig wie wir etwas daran ändern können, dass es morgen regnet.

Stattdessen müssen wir dafür sorgen, dass gewisse Städte in Küstennähe vor Wasser geschützt werden, dass Häuser tornadofest gemacht werden, dass wir uns in den Breiten, die ehemals ihres Klimas wegen als „gemäßigte Breiten" bezeichnet wurden, auf Dinge einstellen müssen, die bislang tropischen Ländern vorbehalten waren.

Dazu gehört der Anopheles-Moskito, dem wir den Kampf ansagen müssten, wenn wir weiterhin ein malariafreies Leben genießen möchten. Dazu müsste man gewisse Dogmen abschaffen, wie etwa das Verbot von DDT, mit dessen Hilfe es dereinst gelang, in Sri Lanka die Zahl der Malariaopfer von drei Millionen pro Jahr auf 29 zu reduzieren. Man fand später heraus, dass DDT nicht nur segensreiche Wirkungen hatte, sondern dass es vage Hinweise auf seine Karzinogenität gab, und verbannte das Zeug vom Markt.

Das geschah in den 60er-Jahren und es war einer der ersten großen Erfolge der Umweltbewegung; ein Erfolg, der seither vermutlich Hunderttausende von Menschenleben gefordert hat und weiterhin fordert, insbesondere in Afrika. Mit Hilfe von DDT hätte man die Seuche längst unter Kontrolle bringen können, aber dann hätten die Umwelthelden von anno 60 ja Unrecht gehabt. Die Malariatoten sind sozusagen Kollateralschäden in einem ideologischen Krieg.

Wir sehen also, dass die Menschheit sich, um für das Szenario Fatimas vorbereitet zu sein, schon heute den Kopf zerbrechen muss, wie sie den drohenden Schaden begrenzen kann. Interessanterweise spielen solche Gedanken in der heutigen Umweltpolitik praktisch keine Rolle, obwohl sie nicht nur für das Szenario Fatimas, sondern auch für das deren älterer Schwester Apoka relevant wären.

Apoka ist die Favoritin der grünen Bewegung. Neben passiver Sicherheit, wie sie eben beim Szenario „Fatima" erwähnt wurde, haben wir hier die Alternative, auch aktive Sicherheit anzustreben. Die ganze Thematik mit Carbon Footprint, Solarzellen und Windenergie ist nichts anderes als das Streben nach genau dieser aktiven Sicherheit.

Wenn diese alternativen Technologien entwickelt würden, so wie das bei anderen erfolgreichen Technologien der Fall war und ist, nämlich mit sachlichem, mathematischem Verständnis und mit integren Absichten, dann wären das gute aktive Sicherheitsmaßnahmen. Dass das nicht immer so ist, werden wir auf den verbleibenden Seiten des Buches darlegen.

Bei den Maßnahmen zur aktiven Sicherheit steht ja bekanntlich die Anstrengung im Mittelpunkt, den Ausstoß von CO2 bei der Erzeugung von Energie zu reduzieren. Die neben Wasserkraft einzige CO2-freie Energiequelle, über die langjährige Erfahrung in industriellem Maßstab existiert, ist die Kernenergie. Die Betrachtung dieses Themas wird uns später noch beschäftigen, wir wollen ihr aber hier im Zusammenhang mit dem Thema Risikomanagement schon ein paar Gedanken widmen.

15.5 Welches Risiko ist Ihnen lieber?

Eine Kernfrage bei der Auswahl der Energiequellen ist also, im wahrsten Sinne des Wortes:

„Welche Risiken geht man ein, wenn man Kernenergie in vollem Umfang einsetzt und weiter ausbaut, und welche Risiken geht man ein, wenn man das nicht tut."

Wir müssen also Wahrscheinlichkeit und Tragweite der Risiken in beiden Welten abschätzen: die eine Welt, die wenig CO2 produziert, in der aber die Kernenergie blüht, und die andere, in der nach wie vor die Kohlekraftwerke rauchen und dampfen, aber die Reaktoren abgeschaltet sind.

Ich weiß, dass noch von einer weiteren Welt geredet wird, in der aller Strom aus Wind-, Solar- oder bisher noch nicht erfundenen, sauberen Kraftwerken kommen soll. Aber solch eine Welt wird es vorerst nicht geben. In dem einen oder anderen deutschen Bundesland vielleicht, wo man dann den Strom aus dem Ausland importiert, wenn die Sonne nicht scheint und der Wind nicht weht. Aber global - einschließlich USA, Frankreich, China, Indien, Russland, Brasilien -, da ist so eine Lösung ausgeschlossen.

Eine rein deutsche Lösung wäre irrelevant für das Szenario Apoka, denn es kommt auf die globale Senkung der CO2-Konzentration an. Und ganz abgesehen davon ist Deutschland heute alles andere als vorbildlich in Sachen CO2, trotz aller PR. Der Carbon Footprint von 2009, also die jährlich pro Kopf erzeugte Menge an CO2 betrug in Frankreich 6, in

England 9 und in Deutschland 10 Tonnen! Wir sind CO2-Europameister, trotz all der Windmühlen.

Vergleichen wir also die Risiken einer Welt der Kohlekraftwerke und der Kernkraftwerke. Wie viele Menschenleben stehen in jeder der beiden Varianten auf dem Spiel, vorausgesetzt dass Apoka recht hat? Bei weiterer Erwärmung würden bis 2050 „unzählige“ Menschenleben durch Hunger, extremes Wetter und eventuelle Kriege um Ackerland verloren gehen. Was ist unzählig? Wenn man die Auswirkungen von Katastrophen dieser Art aus der Ära vor Global Warming betrachtet - Hungersnöte, Hurricanes, Malaria etc. -, dann kann man sich einen Eindruck vom Ausmaß der zu erwartenden Katastrophe machen, dann muss man „unzählig“ mit mehreren Millionen gleichsetzen.

Und die Wahrscheinlichkeit? Sicherlich hoch. Denn bei aller Skepsis gegenüber der PR von Greenpeace und Co, plausibel ist das Szenario von Apoka durchaus. Es gibt keinen Beweis, dass das menschengemachte CO2 ohne Auswirkung auf das Klima wäre. Also haben wir ein Risiko hoher Wahrscheinlichkeit, dass Millionen von Menschenleben durch Global Warming vernichtet werden, falls es ungebremst weitergeht.

In der anderen, der nuklearen Welt, welche Risiken gehen wir da ein? Wie sicher ist die Kernkraft? Seit rund 50 Jahren wird Atomstrom erzeugt, er liefert heute weltweit 16 % der elektrischen Energie und alle installierten KKWs liefern so viel Leistung, dass man Deutschland zigmal damit versorgen könnte.

Welche Opfer hat die Kernenergie bisher gefordert? In den 50 Jahren friedlicher Nutzung sind drei nukleare Unfälle bekannt geworden: Harrisburg (Bild nebenan), Tschernobyl und Fukushima. Der erste Unfall hat vermutlich keine Menschenleben gefordert. Die Zahlen für Tschernobyl sind umstritten, weil es Interessensgruppen gibt, die versuchen, die Fakten zu vertuschen, aus sehr unterschiedlichen Gründen. Die Atomlobby will die Zahlen drücken, die Grüne Lobby versucht das Gegenteil. Dazu kommt, dass diese Zahlen, auch bei bester wissenschaftlicher Objektivität sehr schwer zu bestimmen sind.

Das „Chernobyl Forum“ - zusammengesetzt aus etwa 100 Fachleuten von IAEA, WHO sowie der Regierungen der Ukraine, Russlands und

Weißrusslands – gibt die Zahl, einschließlich der hochgerechneten, durch Langzeitschäden zu befürchtenden Opfer, mit 4000 bis 9000 an. Für Fukushima gibt es ein Jahr danach mehr Klarheit über Opfer: Bisher ist niemand durch das nukleare Unglück ums Leben gekommen. Es ist jedoch nicht auszuschließen, dass einige der tapferen Feuerwehrleute so hohe Strahlungsdosen erlitten haben, dass sie langfristig nicht überleben werden. Opfer unter der Bevölkerung sind hingegen kaum noch zu erwarten.

Obwohl Fukushima und Tschernobyl auf der Skala für nukleare Ereignisse beide mit der höchsten Stufe 7 bewertet wurden, so sind die Unfälle doch sehr unterschiedlicher Natur. Das liegt in erster Linie daran, dass im Core des russischen Reaktors viele Tonnen Graphit (als Moderator) vorhanden waren, die in einem gigantischen Feuer verbrannten. Dadurch wurde der größte Teil der radioaktiven Spaltprodukte in Form von Partikeln oder als Gas in die Luft und in große Höhen befördert.

Im Bautyp des Fukushima-Reaktors wird kein Graphit als Moderator verwendet, sondern Wasser, sodass es nicht zu einem derartigen Feuer kam. Es hat zwar gebrannt, aber aus anderem Grund. Die Menge der freigesetzten radioaktiven Spaltprodukte, war hier auf jeden Fall wesentlich geringer als in Tschernobyl.

Wenn man mit zukünftigen Reaktorunfällen rechnet, dann ist der vom Fukushima-Typ wohl der wahrscheinlichste. Es gibt zwar noch ein Dutzend KKWs vom Tschernobyl-Design, aber es ist zu hoffen, dass diese bald stillgelegt werden. Die vernünftigste Annahme, die man heute machen kann, ist, dass es weltweit bis 2050 vielleicht noch zu ein oder zwei Unfällen des Ausmaßes von Fukushima kommen könnte, insbesondere wenn man bedenkt, dass die Zahl der KKWs steigen wird. Es ist aber auch anzunehmen, dass man aus den bisherigen Unfällen Konsequenzen zieht, Veränderungen an neuen Reaktoren anbringt und das Katastrophenmanagement verbessert. Ähnlich wie auch jeder Flugzeugabsturz eine bittere Lektion ist, die zur Erhöhung der Flugsicherheit beiträgt, so ist es auch hier bei der Reaktorsicherheit.

Fazit: Der sachliche Vergleich der Risiken hält uns vor Augen, dass in einer Welt der Kohlekraftwerke mit mittlerer Wahrscheinlichkeit

Millionen von Menschenleben aufs Spiel gesetzt werden, während in einer Welt der Kernkraft vielleicht Hunderte oder Tausende bedroht wären, allerdings mit sehr viel geringerer Wahrscheinlichkeit.

15.6 Denkverbot

Vielleicht finden Sie diese mathematische Betrachtungsweise des Verlustes von Menschenleben herzlos und zynisch. Sie ist aber unumgänglich, wenn wir eine realistische Strategie entwickeln wollen. Wir müssen dazu den Tatsachen ins Auge sehen und die verschiedenen Szenarien sachlich betrachten. Dabei darf es keine „Denkverbote" geben, wie die Politiker in ihrer geschliffenen Rhetorik immer fordern.

Natürlich wäre uns allen eine Welt mit ausreichend Energie und Nahrung, ohne radioaktiven Abfall, ohne Klimaprobleme, ohne Bedrohung eines einzigen Menschenlebens am liebsten. Aber eine Welt ohne Risiken gibt es nicht. Wir können allerdings durch Konfrontation der Realität und durch zielgerichtete Arbeit die Risiken reduzieren. Die zivilisierte Menschheit hat viele Plagen der Vergangenheit besiegt: Hunger und die Heuschrecken, Pest und Cholera. Das wurde nicht durch Tabus und Euphemismen erreicht, sondern durch Konfrontieren der Wirklichkeit.

Vergleichen wir also die Welten mit und ohne Kernenergie, dann liegt es nahe, welche der beiden Varianten mehr Risiken für die Menschheit birgt. Aber dieser Vergleich ist tabu. Man nimmt zwar den Verlust von Menschenleben in anderen Zusammenhängen in Kauf - Straßenverkehr oder Eisenbahn, Ernährung oder ärztliche Fehler - aber man akzeptiert kein einziges mögliches Opfer aus atomaren Unfällen. Aus diesem Grund darf die Überlegenheit der Nuklearwelt bei uns nicht diskutiert werden. Da gibt es dann doch ein striktes Denkverbot.

Der Zynismus liegt nicht darin, dass man die Bedrohung von Menschenleben mathematisch betrachtet, sondern dass Todesopfer als mehr oder weniger wertvoll betrachtet werden, je nachdem welcher Ideologie sie in die Hände spielen. So haben die potentiellen Opfer des Reaktors in Fukushima die Diskussion wesentlich mehr beschäftigt, als die 20.000

tatsächlichen Toten, die Erdbeben und Tsunami auf der Insel Honshu gefordert haben.

Das sind sehr bedenkliche Tendenzen. Bei unseren Risikobetrachtungen sollten wir versuchen, alle potentiellen Opfer gleich zu werten, was uns hoffentlich nicht allzu schwer fällt.

15.7 Denn meine Gedanken sind nicht eure Gedanken

Vielleicht fällt diese Risikobetrachtung leichter, wenn wir das Ganze aus größerer Höhe betrachten, aus 20.000 Fuß oder noch mehr.

In kosmischen Dimensionen sind unsere Probleme von verschwindender Relevanz. Alle paar Minuten ereignet sich im Weltall eine Supernova, bei der ausgebrannte Sonnen sich in einer Art nuklearem Schwanengesang selbst vernichten. Ein letztes Mal geben sie sich einer gigantischen Kernfusion hin und produzieren dabei mehr Energie als eine komplette Galaxie mit ihren Milliarden von Sternen. Glücklose Planeten in der Nähe dieser Supernova verdampfen dabei wie ein Tropfen, der auf eine heiße Herdplatte fällt.

Und wer weiß, ob es auf diesen Planeten nicht auch Leben gegeben hat, vielleicht sogar intelligenteres Leben als auf der Erde.

Solche Sternexplosionen sind nicht nur Dinge, die von eierköpfigen Astronomen in wissenschaftlichen Fachblättern diskutiert werden, sie passieren wirklich. Vor gerade mal 400 Jahren fand solch ein Ereignis - genannt Keplers Supernova - in „unserer" Milchstraße statt, praktisch vor der Haustüre. Gottlob war sie doch noch weit genug weg, nämlich 20.000 Lichtjahre oder auch 2×10^{17} km, sodass, wie wir wissen, die Erde nicht verdampft ist. Immerhin war das Ereignis aber drei Wochen lang mit bloßem Auge als hell leuchtendes Gestirn am Himmel zu beobachten - auch tagsüber.

Bei solchen Gelegenheiten, aber auch wenn es sich „nur" um Erdbeben und Tsunamis handelt, dann gibt es Fragen wie: „Was muss die Menschheit angerichtet haben, damit sie so gestraft wird?" oder „Wenn es einen Gott gibt, wieso lässt er zu, dass derartige Dinge geschehen?"

Die Antwort findet sich bei Jesaja, Kap. 55:

Denn meine Gedanken sind nicht eure Gedanken, und eure Wege sind nicht meine Wege, spricht der HERR; sondern soviel der Himmel höher ist denn die Erde, so sind auch meine Wege höher denn eure Wege und meine Gedanken denn eure Gedanken.

Mit anderen Worten, wir haben keine Ahnung, wofür die Schöpfung da ist. Nur so viel ist klar: Wir sind ein Teil von ihr, eine winzige Marginalie im Universum. Nicht wir haben das Leben, sondern das Leben hat uns, und es lässt uns früher oder später fallen, ohne dass wir gefragt werden, ohne dass wir wissen warum. Weder unser Leben noch der Kosmos sind „nachhaltig". Sie verändern sich, sind geprägt von Kommen und Vergehen und wir können die kosmischen Zusammenhänge nicht erkennen. „Denn meine Gedanken sind nicht eure Gedanken ..."

Dazu möchte ich Ihnen eine Tierfabel aus dem 21. Jahrhundert erzählen. Es war einmal ein Hund namens Bello, der trug eine vielköpfige Population von Flöhen mit sich herum. Bello war Heimatplanet für die kleinen Parasiten, die sich an seine Gewohnheiten im Laufe der Zeit angepasst hatten. Wenn er sich vormittags in die Sonne legte, dann verkrochen sie sich tiefer in sein Fell, und wenn er ins Wasser ging, klammerten sie sich an ein Haar, um nicht weggespült zu werden. Es kam aber eine Zeit, da in der Kolonie nahe den Schultern des Hundes die Sterblichkeit der Flöhe dramatisch anstieg. Die Nachricht verbreitete sich wie ein Lauffeuer von Kolonie zu Kolonie, und die politischen Führer, Berater und NGOs trafen sich zu Krisensitzungen, um Maßnahmen zu diskutieren. War es vielleicht eine ansteckende Krankheit? Hatten die in der Schulterregion vielleicht zu viel Blut gesaugt? Immerhin hatten sie eine sehr privilegierte Lage für sich in Anspruch genommen: Zwischen den Schulterblättern kann sich der Hund weder beißen noch kratzen, sodass die Flöhe dort ihrem Wohlstand relativ ungestört frönen konnten.

Die Problematik weitete sich über alle Wohngebiete in Bellos Fell aus, und während die politischen Diskussionen hitziger wurden, nahmen die Todesfälle zu und die Flöhe fielen in Scharen leblos zu Boden. Verschiedene politische Lager gaben sich gegenseitig die Schuld an dem Desaster. Eine sehr einflussreiche Gruppierung hatte den Konsens gefunden, dass die Schulterkolonie die Schuldigen waren, andere wiederum glaubten, dass es daran lag, dass die männlichen Flöhe eine zu dominante Rolle spielten und dass dies auf geheimnisvolle Weise zu der Krise geführt hätte.

Als Bellos Frauchen eines Tages von ihrem vierbeinigen Liebling ausgeführt wurde, traf sie ihre Freundin Julia, die ihrerseits mit ihrem Hund Gassi ging. Die vier blieben eine Weile zusammen und die überlebenden Flöhe hätten Gelegenheit gehabt eine interessante Konversation zwischen den beiden Damen aufzuschnappen: „Also Julchen, du musst dir für deine Lassie unbedingt auch so ein Plastikhalsband im Petshop holen. Es wirkt Wunder. Bello trägt es seit gerade mal einer Woche und er kratzt sich kaum noch. Diese verdammten Flöhe ..."

Der kleine philosophische Diskurs schien mir notwendig, denn wir werden jetzt die geplanten und realisierten Maßnahmen im Zusammenhang mit Global Warming auf Sinn und Nutzen analysieren. Dazu müssen wir uns vor Augen halten, dass auf lange Sicht nichts nachhaltig ist. Und es könnte sein, dass unsere Perspektive der Dinge auch nicht von mehr Erkenntnis geprägt ist, als die der armen Flöhe, die Bello einst besiedelt hatten.

TEIL 5

„YOU CANNOT FOOL NATURE“

Wie wir gesehen hatten, ist es möglich, aber nicht gesichert, dass menschengemachtes CO2 zur globalen Erwärmung beiträgt. Im Sinne vorbeugenden Risikomanagements beschäftigen sich die Mächtigen nun mit der Frage, wie man die Menschheit karbonfrei mit Energie versorgen könnte, um ein weiteres Ansteigen von CO2 zu vermeiden. Gewisse alternative, d. h. CO2-freie Energiequellen werden uns in Deutschland mit gewaltiger PR als alternativloses Patentrezept verkauft. Lassen Sie uns untersuchen, ob die Wirklichkeit sich von dieser Propaganda ebenso beeindrucken lässt wie die Bevölkerung, denn im Gegensatz zum Menschen lässt sich die Natur nicht zum Narren halten.

16 Willkommen bei den Milchmädchen

Der Volksmund unterstellt diesen armen Geschöpfen, dass sie Rechnungen anstellten, die ganz wesentliche Aspekte der Wirklichkeit unterdrückten und daher schlicht und einfach falsch waren. Je nachdem welcher Version Sie Glauben schenken, geschah das entweder aus Dummheit, aus Arglist oder aus Selbstbetrug. Im Geiste aktueller Political Correctness wird man dagegen protestieren, dass einer vorwiegend weiblichen Berufsgruppe kollektiv Dummheit oder Arglist unterstellt werden. Das heißt aber nicht, dass im frühen 21. Jahrhundert keine Milchmädchenrechnungen mehr aufgestellt würden.

16.1 Brüder zur Sonne zur Freiheit

Wir sind beim Thema Photovoltaik (PV) angekommen. Die entsprechende Milchmädchenrechnung in ihrer einfachsten Form sieht folgendermaßen aus: Die Sonne liefert uns gratis und ohne ökologische Kollateralschäden pro Quadratmeter gut 1 kW elektromagnetischer Strahlung. Um den durchschnittlichen deutschen Pro-Kopf-Bedarf von 700 Watt elektrischer Leistung zu befriedigen, bräuchten wir also nur pro Person einen knappen Quadratmeter Erdoberfläche zu reservieren und den einfallenden Sonnenschein in Strom zu verwandeln, um den ganzen Zinnober mit Kohle und Kernkraft vergessen zu können.

Hilfreiche Unternehmen importieren bereits solche Vorrichtungen aus Asien, die genau das tun, was wir suchen: Man legt sie in die Sonne und sie liefern Strom. So ein typisches chinesisches Solarmodul hat eine Fläche von anderthalb Quadratmeter, das ist ein kleinerer Esstisch, und liefert in der Mittagssonne rund 200 W elektrische Leistung. Damit kann man zur Not schon fernsehen.

Sie haben es bemerkt, das Modul wandelt nicht 100 % der Sonnenenergie, nämlich 1 kW pro m^2 in Strom um, sondern nur etwa 15 % davon. Um den durchschnittlichen Bedarf pro Kopf in Deutschland zu befriedigen, wie gesagt 700 W, bräuchte man dann eben statt des erwähnten knappen Quadratmeters derer fünf. Wollten wir für jeden der 80 Millionen Bundesbürger fünf Quadratmeter Photovoltaik-Fläche reservieren, dann kämen wir auf insgesamt 80 Millionen x 5 = 400 Millionen Quadratmeter = 400 Quadratkilometer. Deutschland hat immerhin 400.000 davon; ein Tausendstel würde ausreichen, um unseren Energiebedarf zu befriedigen. Warum pflastern wir dann nicht dieses lächerliche Tausendstel der Republik mit Photovoltaik-Modulen zu und sind alle Sorgen los?

Wir sind ja dabei, das zu tun, nur die Sorgen schwinden nicht. Als ehemaliger Bürger Oberbayerns kann ich das gut beurteilen. Wenn ich im Jahresrhythmus meine alte Heimat besuche, kann ich deutlich sehen, wie die Zahl der ehemals mit verwitterten Ziegeln gedeckten Scheunen und Bauernhäusern schwindet und dunkelblaue PV-Module sich auf den Dächern im Alpenland breitmachen. Bei manchem alten Schober bekommt man den Eindruck, er diene nur noch dazu, die Solarzellen hochzuhalten.

Aber nicht nur im Alpenvorland, auch in Mecklenburg-Vorpommern liegt man photovoltaisch voll im Trend. Mangels oberbayrischer Heuschober behilft man sich hier mit „Solarparks", d. h. man stellt einfach Dächer mit Solarzellen auf, ohne die Häuser und Scheunen darunter. Gegen Ende 2011 hatte man so bundesweit immerhin 17 Gigawatt elektrischer Leistung installiert.

Vielleicht haben Sie ja Lust auszurechnen, wie viele der oben erwähnten chinesischen Module zu je 200 Watt dafür notwendig wären. Ich komme bei meiner Rechnung auf 85 Millionen Stück. Bei einem Stückpreis von 300 € wären das Kosten von rund 25 Milliarden Euro, zuzüglich Installation. Wer soll das bezahlen? Sie! Sie sind ja schon kräftig dabei, aber dazu später mehr.

16.2 Der kleine Unterschied

Es gibt also heute in Deutschland Photovoltaik-Anlagen mit einer totalen installierten Leistung von 17 Gigawatt. In Deutschland sind derzeit ein knappes Dutzend Kernkraftwerke mit insgesamt 15 Gigawatt installierter Leistung in Betrieb. Können wir diese atomaren Monster dank unserer PV-Anlagen jetzt abschalten - und ein paar Kohlekraftwerke dazu? Ist die Energiewende also vollzogen?

Sie erinnern sich: Eine Milchmädchenrechnung unterdrückt ganz wesentliche Aspekte der Wirklichkeit und ist daher schlicht und einfach falsch. Die Aufrechnung von installierter KKW-Leistung mit installierter Photovoltaik-Leistung ist solch eine Milchmädchenrechnung. Ob sie aus Dummheit, Arglist oder Selbstbetrug angestellt wird, das wollen wir später untersuchen.

Der Unterschied ist, dass ein Kraftwerk seine installierte Leistung abgibt, wenn diese benötigt wird. Eine PV-Anlage gibt sie ab, wenn die Sonne scheint - genauer gesagt, wenn die Sonne mit ihrer theoretischen vollen Leistung, ohne Behinderung durch Dunst oder Wolken, senkrecht über den Modulen steht.

Wie oft ist das der Fall? So gut wie nie. Erst einmal können wir ganz offensichtlich die Nachtstunden vergessen. Aber auch die Stunden kurz nach Sonnenaufgang und kurz vor Sonnenuntergang bringen so gut wie nichts. Da strahlt die Sonne dermaßen schräg durch die Atmosphäre, dass das meiste Licht auf diesem langen Weg durch Streuung in der Luft verloren geht. Für die Wintermonate gilt das übrigens den ganzen Tag über, das ist einer der Gründe, warum es so kalt ist. Ein weiterer Faktor ist, dass die Solarmodule fast nie genau in die Sonne schauen. Man richtet sie natürlich nach Süden aus, damit sie die kräftige Mittagssonne voll einfangen; das bedeutet aber, dass sie für den Rest des Tages mehr oder weniger schief zu den Strahlen positioniert sind.

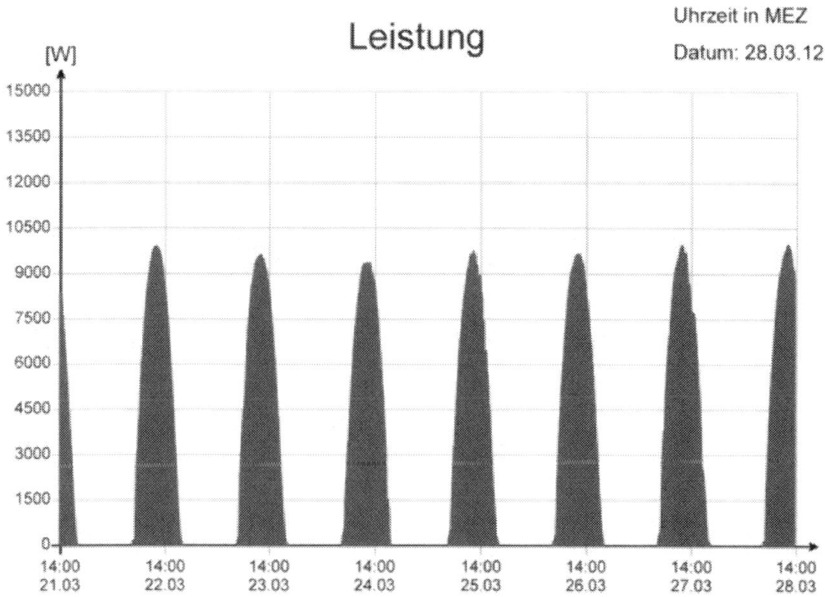

Um das zu vermeiden, könnte man die Panels drehbar aufstellen, dem Lauf der Sonne folgend, sodass der Segen von oben immer optimal genutzt wird. Schließlich machen wir das ja auch mit unserem Liegestuhl am Strand: Wenn die Sonne weiterläuft, drehen wir die Liege mit. Am Morgen stellen wir die Lehne auf, am Mittag legen wir uns flach hin und am Nachmittag gehen wir mit Sonnenbrand ins Hotelzimmer.

Bei den Panels wäre das nicht so einfach. Wahrscheinlich würden sie meistens nicht einmal genügend Elektrizität für die Versorgung des eigenen Drehmechanismus erzeugen. Sie würden schlaff im Schatten hängen und der Motor würde bestenfalls kraftlos surren. Dazu kommt, dass die Sache baulich schwierig wäre; man müsste dann ja die Heuschober in Oberbayern drehbar aufstellen. Es wäre außerdem auch ein Kostenfaktor – obwohl der wohl kaum eine Rolle spielen würde, denn für PV wird das Geld ausgegeben, als würde es demnächst aus der Mode kommen.

Wir müssen also akzeptieren, dass die Module die meiste Zeit ziemlich schräg und nutzlos in die Sonne schauen. Wie viele brauchbare Stunden pro Tag bleiben dann noch übrig? Für die Sommermonate sind es vielleicht je die vier Stunden vor und nach Mittag, macht insgesamt 8 Stunden. Lassen Sie uns das für einen Wintertag auf 4 reduzieren und nehmen wir als Jahresdurchschnitt 6 Stunden pro Tag. Also: an sechs Stunden des durchschnittlichen Tages kann die PV-Anlage ihre installierte Leistung liefern. Die jeweils verbleibenden Stunden mit dem schrägen Einfall des Sonnenlichtes vergessen wir, auch wenn da vielleicht noch ein paar kümmerliche Watt aus den Panelen tröpfeln. 6 Stunden sind nur ein Viertel der Dauer des gesamten Tages.

Auf der Seite zuvor habe ich Ihnen eine original Vorarlberger Graphik eingefügt, welche die abgegebene Leistung der PV-Installation „Landhaus" darstellt. Gegen Mittag wird eine Leistung von knapp 10 Kilowatt abgegeben, aber vor 10 und nach 16 Uhr ist nichts zu holen. Das bestätigt unsere Abschätzung.

Ein Solarpanel, welches als 200-W-Modul verkauft wird, leistet im Tagesdurchschnitt also bestenfalls ein Viertel davon, nämlich 50 Watt. Die geballte deutsche Photovoltaik, die dem Bundesbürger mit einem Label von 17 Gigawatt verkauft wird, kann also maximal ein Viertel davon leisten, nämlich gut 4 Gigawatt. Aber warten Sie, es kommt noch schlimmer.

Wir müssen ja damit rechnen, dass es sowohl in Mecklenburg-Vorpommern als auch im bayrischen Oberland regnen kann oder zumindest die Sonne hinter dunklen Wolken verschwindet, oder die Solarmodule gar von winterlichem Schnee bedeckt werden. Die Graphik auf der vorigen Se stammt aus einer Märzwoche, in der sich Vorarlberg anhaltend schönen Wetters erfreuen durfte. Bei Regenwetter würde sie anders aussehen.

Denn auch wenn es bei schlechtem Wetter noch nicht stockdunkel ist, so bleibt dennoch fast alle Sonnenstrahlung in den Wolken hängen bzw. sie wird an deren Oberseite ins All reflektiert. Es kommt so gut wie nichts mehr durch. Dass wir bei Regenwetter trotzdem noch sehen können, haben wir der enormen Adaptationsfähigkeit unserer Augen zu verdanken. Diese stellen sich in kürzester Zeit auf ein Tausendstel der Helligkeit ein, oder, wenn's sein muss, auch auf ein Millionstel – wobei dann allerdings das Farbensehen verlorengeht; deswegen sind nachts alle Katzen grau.

Mit anderen Worten: Für unsere PV-Installationen ist bei Bewölkung Feierabend. Ein typisches deutsches Jahr hat, mit viel Optimismus, 50 % der Tage einen bewölkten und 50 % einen blauen Himmel. Von den berechneten 6 nützlichen Stunden pro Tag bleiben also wetterbedingt nur noch 3 übrig! Mit anderen Worten: 21 der 24 Stunden des Tages, das ist 87 % der Zeit, stehen oder liegen die teuren PV-Module nutzlos in der Gegend herum; nur während 13 % ihres Daseins liefern sie Strom.

Das erwähnte PV-Panel von gut einem Quadratmeter Fläche, das als „200-Watt-Modul" verkauft wird, bringt also tatsächlich im Jahresdurchschnitt nur 25 Watt. Dieser Etikettenschwindel rechnet sich entsprechend hoch. Statt von insgesamt 17 Gigawatt installierter PV-Leistung kann man tatsächlich nur von 2 Gigawatt reden.

Weil es so wichtig ist, lassen Sie mich das noch mal zusammenfassen:

Im Jahresdurchschnitt gilt:

- Von den 24 Stunden des Tages sind 12 Stunden Nacht.
- Die 3 Stunden nach Sonnenaufgang und die 3 Stunden vor Sonnenuntergang leisten praktisch keinen Beitrag zur Stromerzeugung, weil einerseits das Licht so schwach ist, andererseits die Solarpanels zu schräg zum Lichteinfall stehen. Somit bleiben pro Tag 6 nützliche Stunden für Stromerzeugung gemäß der „installierten Leistung".
- Von diesen 6 Stunden gehen aber wiederum die Hälfte durch schlechtes Wetter verloren, sodass nur 3 voll produktive Stunden pro Tag übrigbleiben. Das sind 13 % eines Tages.
- Ein Solarmodul, das bei vollem Sonnenschein 200 W abgibt liefert im Jahresdurchschnitt also nur 25 Watt!
- Die in der Öffentlichkeit als 17 Gigawatt angegebene installierte PV-Leistung ist also in Wirklichkeit nur 2 Gigawatt.

- 17 Gigawatt wären es nur, wenn die Solarparks auf einem Planeten Erde installiert wären, der sich nicht drehen würde, keine Wolken hätte und wo die Sonne 24 Stunden am Tag senkrecht auf Deutschland herabschiene.

Das hielt die Grüne Lobby aber nicht davon ab, das Erreichen der Marke von installierten 17 Gigawatt - und sich selbst - lautstark zu feiern, weil man damit die Leistung der deutschen Kernkraftwerke von 15 GW eingeholt hatte. Man hatte angeblich einen Meilenstein der Energiewende erreicht. Diese Milchmädchenrechnung wurde und wird ganz offensichtlich aus Arglist angestellt, um dem Steuerzahler die Solarenergie schönzurechnen.

Die öffentliche Statistik gibt unserer Abschätzung recht. 2010 wurden in Deutschland 604 Terawattstunden = 604.000 Gigawattstunden elektrischer Energie verbraucht. Wir reden aber hier von Leistung. Um die durchschnittliche Leistung zu bekommen, teilen wir die Energie durch die 8760 Stunden des Jahres (365 x 24 = 8760) und kommen auf 69 Gigawatt. Photovoltaik hat im Jahresdurchschnitt 2 % davon geliefert. Das macht ganze 1,4 Gigawatt, also noch weniger als die 2 GW, die wir abgeschätzt hatten und mehr als einen Faktor 10 von der „installierten Leistung" entfernt. Können wir dann zumindest ein einziges Kraftwerk vom Netzt nehmen? Nicht einmal das ...

16.3 Die Launen von Mutter Natur

Wir möchten, dass die Segnungen der Technik dann verfügbar sind, wenn wir sie brauchen. Ein Kühlschrank, der alle paar Tage warm wird, eine Herz-Lungen-Maschine, die bei Sonnenuntergang ausfällt, ein Fließband, dass stillsteht, wenn die Wolken kommen, würden wir kaum akzeptieren.

Daher müssen 100 % unseres Energiebedarfs durch Kraftwerke abgesichert sein, die von Wind und Wetter unabhängig sind. Wenn dann die Sonne scheint oder der Wind weht, oder beides, dann werden die herkömmlichen Kraftwerke - Kohle, Gas, Atom und Wasser - entsprechend gedrosselt und die alternativen Energiequellen springen ein.

Es ist sogar schon zu Situationen gekommen, dass in gewissen Regionen an sonnigen Sommerwochenenden die PV-Module für ein paar Stunden tatsächlich ihre installierte Leistung abgaben, dass aber, weil Sonntag, in den Industriebetrieben der Region die Fließbänder stillstanden, die Familien im Auto unterwegs waren und zu Hause nur der Kühlschrank und der Radiowecker Strom zogen. An solchen Tagen wurde dann durch PV alleine mehr Strom produziert als abgenommen werden konnte. Solche von den Grünen Lobbyisten abermals lautstark gefeierten Ereignisse deuten einmal mehr auf die Sinnlosigkeit der launenhaften Sonnenergie in ihrer heutigen Form.

Diese Launenhaftigkeit der PV kann man auch nicht dadurch beseitigen, dass man nochmals doppelt so viele Module auf die Dächer schraubt, so wie von der Regierung geplant. Auch die werden bei Wolken keinen Strom liefern, dafür aber bei Sonnenschein das Problem mit der Überschussenergie verschärfen. Und auch doppelt so viel PV erlaubt es nicht ein einziges Kraftwerk stillzulegen. PV würde uns nur dann von konventioneller Energie unabhängig machen, wenn man Strom in praktikabler Form speichern könnte. Aber da ist noch keine Lösung in Sicht. Wollte man den Wochenbedarf eines 4-Personen-Haushaltes von ca. 80 kWh in Autobatterien speichern, um eine sonnenlose Periode zu überbrücken, dann wäre das unhandlich. Die Batterie eines Mittelklassewagens hat die Kapazität von 50 Amperestunden; bei 12 Volt Spannung macht das 12 x 50 = 600 Wattstunden oder 0,6 kWh. Unsere Familie bräuchte also über hundert Stück davon. Das könnte nicht zuletzt ein Gewichtsproblem werden, falls unsere Familie im Obergeschoss wohnt.

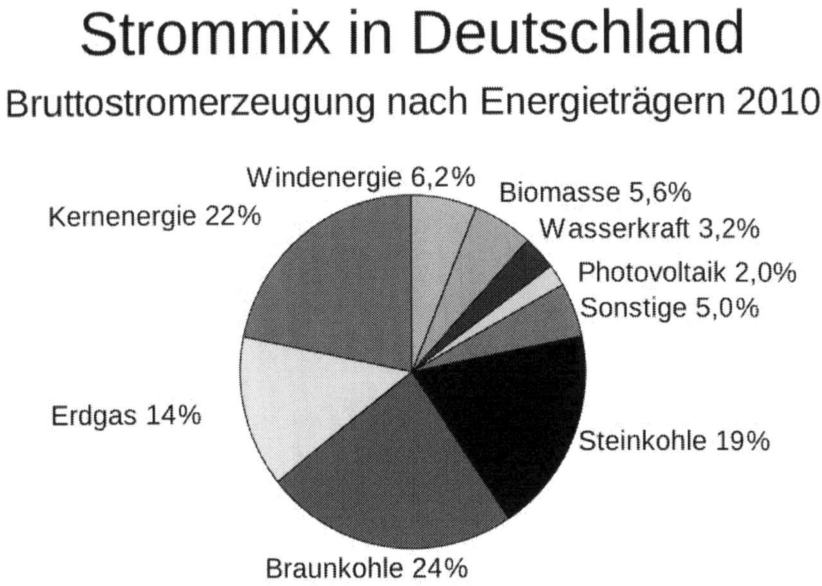

So ist denn eine wirtschaftliche Form der Stromspeicherung der Schlüssel für die Nutzung der wetterabhängigen alternativen Energiequellen, und entsprechend viele kluge Köpfe widmen sich derzeit dem Thema. (Auf die einzige Speicherform, die aktuell in erwähnenswertem Maßstab eingesetzt wird, nämlich Pumpspeicherwerke, gehen wir später noch ein.)

16.4 Dumm gelaufen

Noch einen nicht unwichtigen Aspekt muss ich ansprechen, auch wenn Sie das vielleicht ungern hören. Das oben erwähnte „Drosseln“ der konventionellen Kraftwerke bei Sonnenschein ist nicht ganz einfach. Nicht alle Kraftwerke lassen sich auf Knopfdruck beliebig schnell regeln. Ein typisches Kohlekraftwerk verbrennt pro Minute immerhin 5 Tonnen Kohle. In jedem Moment liegen da Hunderte von Tonnen weißglühender Briketts im Ofen – was soll mit denen passieren, wenn sich die Sonne gerade dazu entschließt, für eine viertel Stunde zu scheinen? Wir müssen das Kraftwerk einfach so weiterlaufen lassen. Und auch ein KKW lässt sich nicht so leicht zurückdrehen wie ein Autoradio. Diese Stromquellen sind gut für die Versorgung einer kontinuierlichen Grundlast.

Wir brauchen also andere Kraftwerke, die rasch geregelt werden können, wenn wir den Segen von PV nutzen wollen. Das sind die Anlagen, die mit Wasserkraft oder Erdgas betrieben werden. Es ist nun eine bittere Ironie des Schicksals, dass dies ausgerechnet diejenigen konventionellen Energieformen sind, die am wenigsten bzw. gar kein CO2 produzieren.

Das Gesamtszenario sieht dann also folgendermaßen aus: Atom-, Kohle-, Erdgas- und Wasserkraftwerke teilen sich brüderlich die Last der Elektrizitätsversorgung. Nun kommt die liebe Sonne hinter den Wolken hervor und die von ihr gesegneten PV-Module beginnen Strom ins Netz einzuspeisen. Wasserkraft und Erdgas werden entsprechend zurückgefahren, Kohle und Kernkraft laufen unverändert weiter.

Wie viel CO2 sparen wir nun ein? So gut wie nichts, denn Braun- und Steinkohle werden weiterhin in gleichem Umfang verfeuert. Wir reduzieren lediglich den Verbrauch des zu Recht als „umweltfreundlich" gepriesenen Erdgases, welches pro Kilowattstunde nur ein Drittel der CO2-Emission von Braunkohle hat.

Fazit: Der 2 % Beitrag von PV zur Stromversorgung ist in Anbetracht des Aufwandes schon lächerlich gering. Aber es kommt noch schlimmer: Die Einsparung an CO2 entspricht noch nicht einmal diesem lächerlich geringen Betrag, sie ist nochmals eine Größenordnung geringer, wahrscheinlich sind es nur ein paar Promille; anders ausgedrückt: so gut wie null.

Können Sie sich noch erinnern? War die ganze PV-Kampagne ursprünglich nicht angestoßen worden, um CO2-Emission zu reduzieren, um der Erwärmung der Erdatmosphäre Einhalt zu gebieten, um den Planeten zu retten?

Viel absurder kann es kaum noch werden. Aber lesen Sie weiter.

Als Kind musste ich, im Schlepptau von Mutter, Großmutter und Tante zu bestimmten Jahrestagen Soldatenfriedhöfe besuchen, ohne zu verstehen, worum es ging. Diese Stätten waren in Europa während und nach den Weltkriegen entstanden, zum Andenken an Hunderttausende junger, hoffnungsvoller Menschenleben, die frühzeitig durch irregeleitete Ideologie und politischen Größenwahn vernichtet worden waren. Für manche Besucher waren diese Orte Quell des Trostes, dass der gefallene Sohn, Enkel oder Bruder sein Leben für eine übergeordnete, größere Sache gegeben hatte; für andere wiederum sind sie ein Mahnmal gegen den Irrsinn politischer Rechthaberei, nationaler Ressentiments und blinden bürgerlichen Gehorsams.

Wenn ich heute einen Solarpark sehe muss ich immer an Soldatenfriedhöfe denken. Wer oder was liegt im Solarpark begraben? Unter jedem einzelnen der auf individuellem Podest montierten Solarmodule liegen ein paar hundert oder ein paar tausend Euro begraben. Wir hatten zuvor abgeschätzt, dass bislang ca. 85 Millionen dieser Module in Deutschland installiert wurden - und wenn es nach dem Willen der Solarlobby geht, dann werden es noch viele Millionen mehr sein. So sind denn heute für jeden Bürger der BRD, sei er 100 Tage oder 100 Jahre alt, oder irgendwo dazwischen, für jeden Bürger sind oder werden dort ein paar hundert oder tausend Euro begraben, die nicht auf seinem Sparkonto gelandet sind oder einen Urlaub am Mittelmeer finanziert haben, sondern die für eine größere Idee geopfert wurden: für ein Deutschland ohne Kernkraft, eine Nation der ökologischen Bannerträger, an der sich der Rest der Welt ein Beispiel nehmen soll.

Wie sind diese Gelder dorthin gekommen? Kassiert wird vom Verbraucher, indem man ihm hintenherum in die Tasche greift. Energieunternehmen sind per Gesetz gezwungen, den Strom aus PV-Anlagen aufzukaufen, sobald diese produzieren. Dafür müssen sie dem PV-Betreiber jede Kilowattstunde mit einem Tarif vergüten, der bis zum 10-fachen des Börsenwertes entspricht, nämlich 50 Cent gegenüber 5 Cent. Betreiber von erst kürzlich installierten Anlagen werden nicht mehr ganz so großzügig entlohnt, dafür haben deren Module auch weniger gekostet.

Die Verluste aus diesem absurden Handel werden vom Energieunternehmen natürlich an den Verbraucher weitergegeben, und zwar in der Form höherer Strompreise. Jede Kilowattstunde wird für den Stromkunden teurer, auch wenn sie aus dem Kohle- oder Kernkraftwerk kommt. Man hat geschätzt, dass die Verbraucher über die kommenden 15 Jahre die Photovoltaik mit ca. 80 Milliarden € subventionieren müssen, das sind die „Solarschulden", die ihm dank einer großzügigen Regelung durch die Bundesregierung aufgebürdet wurden, zur Freude chinesischer PV-Hersteller und deutscher Solarbetreiber.

16.6 Warum einfach, wenn's auch kompliziert geht?

Aber nicht nur wirtschaftlich und technisch ist die ganze PV-Geschichte fragwürdig, sie stellt das Management der elektrischen Verteilernetze vor überproportional große Probleme. Man stelle sich ein Bauernhaus mit Photovoltaik auf dem Dach vor. Wir betrachten es gerade zu einer der wenigen Stunden - durchschnittlich sind das ja drei pro Tag -, während derer diese Anlage Strom erzeugt. Was passiert mit diesem Strom?

Was aus den Panelen herauskommt, ist kein Wechselstrom, sondern Gleichstrom bei einer Spannung von ein paar Dutzend Volt. Der muss durch einen sogenannten Inverter in Wechselstrom verwandelt werden, damit er in Hochspannung transformiert und ins Netz eingespeist werden kann. Hier steht er dann der Gemeinde zur Verfügung und landet letztlich bei dem einen oder anderen Verbraucher, nachdem er zuvor wieder auf 230 V heruntertransformiert worden ist. Möglicherweise landet ja auch etwas davon genau in unserem Bauernhaus, auf dessen Dach der Strom entstanden ist. Vielleicht wird da gerade ferngesehen oder am Computer gearbeitet. Für beides wird der Strom aus der Steckdose durch entsprechende Netzgeräte dann in Gleichstrom verwandelt, und aus den 230 Volt werden ein oder ein paar Dutzend Volt.

Das ist aber eine weite und umständliche Reise für die Elektrizität, wenn man bedenkt, dass die Orte von Erzeugung und Verbrauch nur ein paar Meter voneinander getrennt sind. Es wäre jedoch erst einmal ein schlechtes Geschäft für den Bauern, seinen eigenen Strom zu verbrauchen. Das wäre so, als würde er die Milch seiner eigenen Kühe trinken, die er dank finanzieller Förderung pro Liter teurer verkaufen könnte, als sie im Supermarkt zu haben ist. Der nimmt dann lieber das Produkt von Aldi und verkauft die Eigenproduktion zum subventionierten Preis. Genauso wird er seine Elektrizität ins Netz speisen und dafür 50 Cent pro kWh kassieren. Seinen Eigenbedarf deckt er aus der Steckdose, wo die kWh vielleicht 20 Cent kostet.

Die Betreiber der Netze haben aber dann doch Gehör gefunden. Sie konnten argumentieren, dass es sich tatsächlich nicht lohnt, eine PV-Einspeisestation für ein paar Millionen Euro zu installieren, durch die dann pro Jahr für ein paar hundert oder tausend Euro Strom einfließt. Wie aber den Betreiber dazu bringen, dass er den eigenen Strom verbraucht?

Man hat folgende elegante Lösung für dieses Malheur gefunden: Falls der Bauer - oder auch jeder andere PV-Betreiber - seinen eigenen Strom verbraucht, dann bekommt er pro kWh eine Vergütung, die der Differenz zwischen den beiden Tarifen entspricht. Also für jede kWh, die dann aus seiner PV-Anlage in den eigenen Fernseher, Computer oder in die Spülmaschine fließt, wird dem Betreiber dann eine Vergütung von rund 30 Cent gezahlt.

Falls die Bauersfamilie dann bei gutem Wetter und Sonnenschein im Garten sitzt und eigentlich kaum Strom braucht, aber die PV-Anlage bereit wäre zu produzieren, dann kann man im Haus schon mal den Herd oder die Lichter einschalten, um ein bisschen mehr Profit zu machen.

Und all das für die Umwelt. Willkommen in Absurdistan.

16.7 Que Viva España

In Spanien ist vieles anders als bei uns, insbesondere im Süden des Landes. Während die Balkone unserer Gebäude dazu dienen, auch Großstadtbürgern einen Platz an der Sonne zu bieten, so sind die Häuser Andalusiens als Festungen gegen die Hitze ausgelegt. Die Balkons - mit allen möglichen Schattenspendern versehen - dienen bestenfalls den Señoras dazu zu sehen, und den Señoritas dazu gesehen zu werden.

Zum Sonnenbaden eignen sie sich kaum.Kühle Statistik macht den architektonischen Unterschied verständlich. Die Graphik oben verdeutlicht, dass die Sonne Südspanien pro Jahr mit ca. 2000 kWh Strahlungsenergie pro Quadratmeter verwöhnt, während es in Norddeutschland so um die 800 sind. Wenn es also angeblich intelligent ist, in Mecklenburg-Vorpommern Milliarden für die Installation von PV-Modulen auszugeben, dann wäre das in Südspanien doch mehr als doppelt so intelligent,

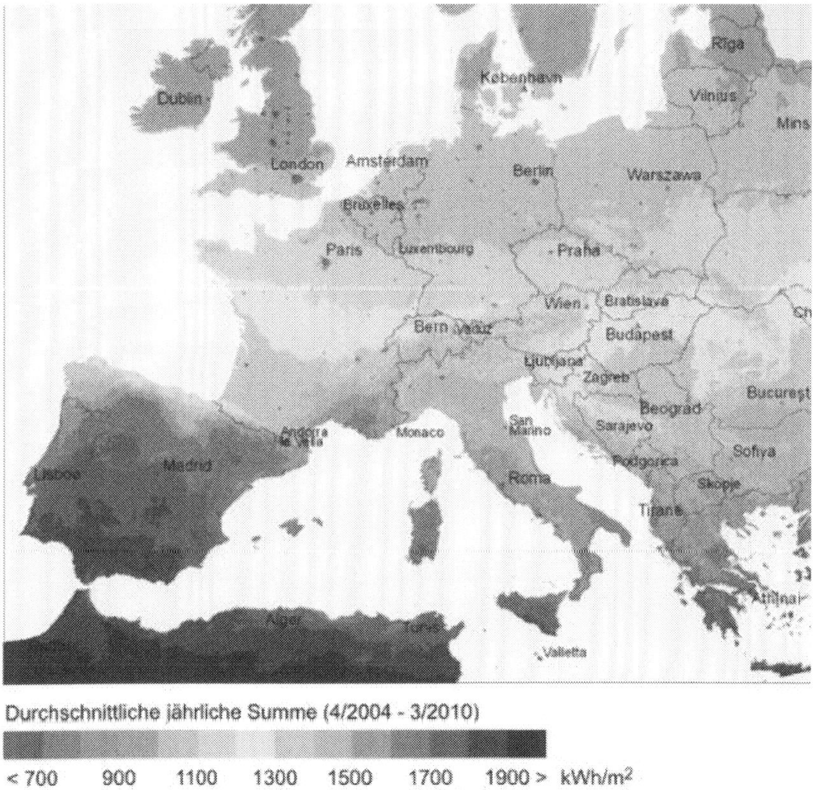

oder? Wieso kommen die Spanier nicht darauf? Ganz einfach: weil es nicht einmal in Granada ökonomisch oder ökologisch Sinn machen würde, diese hässlichen, vom Steuerzahler zwangsfinanzierten Dinger aufs Dach zu schrauben.

Um der Korrektheit Willen muss ich erwähnen, dass es in Spanien experimentelle Anlagen zur Entwicklung von Solarenergie gibt. Diese basieren aber nicht auf dem photovoltaischen Prinzip, sondern man fokussiert Sonnenstrahlen mit Hilfe von Hohlspiegeln auf Röhren. Diese sind mit Flüssigkeit gefüllt, welche sich in Dampf verwandelt, der Turbinen antreibt, die ihrerseits Generatoren drehen, aus denen dann Strom kommt.

Aber auch das ist keine Methode, die einen physikalisch oder wirtschaftlich akzeptablen Wirkungsgrad hätte, und die Technologie leistet heute noch keinerlei Beitrag zur Stromversorgung der Iberischen Halbinsel.

Verlassen wir das traurige Thema PV und wenden wir uns einer lustigeren Sache zu - dem Wind, dem Wind, dem himmlischen Kind.

17 Das himmlische Kind

17.1 Dinosaurier mit drei Flügeln

VW baut nicht nur Wagen fürs Volk. Der Bugatti Veyron, das exklusive Topmodell, ist in der Standardversion 400 km/h schnell. Falls Ihnen das nicht sportlich genug ist, die Sportversion bringt's auf 430. Das ist übrigens auch die höchste erlaubte Geschwindigkeit für Flugzeuge, die unterhalb 3000 m Höhe unterwegs sind. Der Bugatti könnte es also mit erdnahen Airbussen und Boeings aufnehmen.

Dafür hat der Wagen einen entsprechenden Motor: einen turbogeladenen 8 Liter 16 Zylinder, der 883 kW (mehr als 1000 PS) auf die Kurbelwelle bringt. Das ganze Auto wiegt ca. 1,9 Tonnen. Davon wiegen Motor plus Getriebe vielleicht ein Drittel. Es ist also möglich, eine Maschine zu bauen, die 883 kW Leistung abliefert und die so um die 600 kg, d. h. 0,6 Tonnen wiegt.

Eine der größeren modernen Windturbinen hat eine „installierte Leistung" von 6 Megawatt. Im Jahresdurchschnitt liefert sie (siehe kommende Seiten) etwa 20 % davon, also 1,2 MW. Das ist knapp doppelt so viel wie der Bugatti leistet.

Die Dimensionen der Windkraftanlage werden vom verantwortlichen Ingenieurbüro - nicht ohne Stolz - folgendermaßen beschrieben:

Zunächst wurde das Fundament mit einem Gewicht von 3500 t aus hochfestem Stahlbeton (1400 m³) fertiggestellt. Anschließend wurde mit dem Turmbau begonnen. Dazu wurden im Vorfeld Schalen aus Stahlbeton gegossen, die 3 Wochen aushärten mussten. Im Anschluss wurden dann auf der Baustelle jeweils 3 Schalen zu einem Ring verschraubt. Insgesamt 35 dieser Ringe (Durchmesser: 16,5 m) bilden den Turm der eine Höhe von 130 m hat und ein Gewicht von 2800 t. Nachdem der Turm errichtet wurde, konnte das Team mit dem Bauleiter beginnen, das Maschinenhaus mit dem größten mobilen Kran der Welt an seine vorgesehene Position zu heben. Das Maschinenhaus hat ein Gewicht von 120 t, aber für den Raupenkran, dessen Aufbau 3 Wochen gedauert hat, verlief die Positionierung ohne Probleme. Nachdem auch der Generator mit seinen 220 t sich an seinem Platz befand, konnte das Team beginnen den Rotor inkl. Nabe zu montieren. Zum Schluss wurden noch die Flügel aus Glasfaserverbundwerkstoffen befestigt. Die Nabe und die Flügel haben ein Gesamtgewicht von 320 t.

Die Röhre, auf der oben die Turbine sitzt, bedeckt am Boden eine Fläche von 200 Quadratmetern, darin hätte ein Supermarkt komfortabel Platz. Gesamtgewicht der verschiedenen Komponenten der Anlage: 3500 + 2800 + 120 + 220 + 320 = ca. 7000 Tonnen. Um diesen Gigantismus zu demonstrieren gibt es ein Foto, auf dem ein Mädchen innerhalb eines Rotorflügels läuft, als der vor der Montage noch am Boden lag. Auch da drin könnte man sich's wohnlich einrichten.

Das Herz der Anlage, die Flügel mit der Nabe und dem Maschinenhaus, bringen 440 t auf die Waage; das sind 230 Bugattis. Was soll der Vergleich? Wird hier vorgeschlagen, man solle jede Windmühle durch zwei Bugattis ersetzen und diese ans Stromnetz anschließen? Natürlich nicht, obwohl das sicher ästhetischer wäre und auch wesentlich billiger. Nein, der Witz der Windmühle ist ja, dass sie kein Benzin braucht.

Der Vergleich soll aufzeigen, wie wenig so ein mechanischer Gigant im Vergleich zu seiner Größe und zu seinem Gewicht leistet. Weniger als zwei Bugatti-Motoren. Solch eine Technologie, da braucht man nicht viel mehr nachzurechnen, kann nicht wirtschaftlich sein, und sie kann sich nur halten, weil sie mit Steuergeldern sehr großzügig gefördert wird.

Das soll nicht heißen, dass Windenergie generell sinnlos ist, aber die jetzigen Dinosaurier mit ihren drei Flügeln werden in unseren Breiten kaum das Erfolgsrezept sein.

Dadurch, dass die generösen Fördergelder eine wahre Goldgräberstimmung ausgelöst haben, werden diese Monster aber produziert, was das Zeug hält, bevor der Goldregen versiegt. Man nimmt sich nicht die Zeit, um echte Innovationen zu entwickeln, die dann ökonomisch sinnvolle Lösungen sein könnten.

Aber vorerst ist das kein Problem: Auch wenn sich herausstellt, dass das installierte Gerät minderwertig war, man ersetzt es dann eben ein paar Jahre später durch ein neues. Und auch dafür hat die Lobby ein elegantes Buzzword, einen passenden Euphemismus gefunden: „Repowering".

Auf der übernächsten Seite ist eine offizielle Aufstellung über die Leistungsdaten besagter Giganten. 2011 wurden durch Wind-Energie-Anlagen (WEA) insgesamt 48 Mrd. Kilowattstunden elektrischer Energie erzeugt. Erinnern Sie sich noch an die Sache mit Energie und Leistung? Leistung ist die pro Zeit erzeugte Energie. Welche durchschnittliche Leistung haben also unsere WEA im Jahr 2011 gebracht? Teilen wir 48 Mrd. kWh durch die Dauer eines Jahres:

$$48 \times 10^9 \text{ kWh} / (365 \times 24) \text{ h} = 5{,}48 \times 10^6 \text{ kW} = 5{,}48 \text{ GW}$$

(zur Erinnerung: Mrd. = 10^9 = Giga; Million = 10^6 = Mega; Tausend = 10^3 = kilo)

Die im Jahresdurchschnitt 2011 von allen deutschen WEAs abgegebene elektrische Leistung war 5,48 Gigawatt. In der ersten Zeile der Statistik sehen wir aber als „Installierte Leistung" 29.060 MW = 29 GW. Wieso der Unterschied? Weil die installierte Leistung nur ganz selten, bei optimalem Wind, abgegeben wird. Wir bekommen deswegen in der Realität nicht 29 GW geliefert, sondern nur ganze 19 % davon! Die Milchmädchen vom letzten Kapitel lassen schön grüßen.

Derselbe Etikettenschwindel, der uns bei Photovoltaik durch die einschlägige PR aufs Auge gedrückt wurde, wird auch hier betrieben. Also merke: Die „installierte Leistung" hat kaum etwas mit der realen Leistung zu tun.

Noch eine andere Beobachtung ist interessant. Die Zahl der Windmühlen („Anlagenzahl", 3. Zeile) betrug 22.297 Stück. Die haben 7,8 % unseres Strombedarfes gedeckt. Falls Sie noch Lust zum Rechnen haben: Wie viele Mühlen bräuchten wir um allen Strom aus Windkraft zu beziehen?

$$22.297 / 7{,}8 \times 100 = 285.859 \text{ Stück.}$$

Ist das viel? Würden wir nur die Masten in einer Reihe aneinanderfügen, dann kämen wir einmal um die Erde rum. Wenn wir die Flügel noch dazulegen, dann kämen wir ein paarmal rum. Oder: Würden wir um den Standort jeder Mühle einen Kreis von 700 m Radius ziehen, dann bliebe in der Bundesrepublik kein Stück Boden unangetastet. Gefällt Ihnen diese Idee?

Sie sollten sich mit diesem Szenario schon mal anfreunden. Die Energiewende verspricht uns ja 80 % grünen Strom bis 2050. Dazu wird Pho-

Die wichtigsten aktuellen Deutschlandzahlen auf einen Blick (Quelle: DEWI/BWE/VDMA, Stand: 31.12.2011):

Bereich	2011	2010
Installierte Gesamtleistung	29.060,04 MW *	27.190,62 MW
Neubau an installierter Leistung	2.085,72 MW	1.551,03 MW
Anlagenzahl	22.297	21.572
Repowering (abgebaut)	123 MW	55,7 MW
Repowering (dafür aufgebaut)	238 MW	183,4 MW
Neue aufgebaute Anlagen	895	754
Stromproduktion durch WEA	48 Mrd. kWh	37,3Mrd. kWh
Anteil am Energieverbrauch	7,8 % (vorläufige Schätzung)	6,20 %
Potenzieller Jahresenergieertrag	50,7 Mrd. kWh	47,3 Mrd. kWh
Vermiedene CO2-Emissionen	36,1 Mio. t	31,9 Mio. t

tovoltaik so gut wie nichts beitragen, Wasserkraft kann kaum ausgebaut werden, also müsste Windkraft die Hauptlast übernehmen.

17.3 Von nichts kommt nichts

Warum eigentlich müssen die Windturbinen so groß sein? Warum kann man sie nicht auf die Ausmaße eines Bugatti schrumpfen? Um das zu erklären, brauchen wir wieder einmal eine Gleichung:

$$N = \frac{1}{2} \times D \times v^3$$

N ist die mechanische Leistung in Watt, die eine Luftströmung pro Quadratmeter anbietet.

D ist die Dichte der Luft; im Flachland sind das etwa 1,2 kg/m^3. Stellen Sie sich das so vor: Die Luft, die in einem größeren Kühlschrank eingeschlossen ist, wiegt so viel wie die Flasche Champagner die drin steht.

v ist die Geschwindigkeit des Luftstroms in Meter pro Sekunde gemessen.

Und jetzt wird's anstrengend für die grauen Zellen. Die Geschwindigkeit v steht da in der dritten Potenz. Machen wir ein Beispiel:

Falls der Wind mit 10 m/sec weht, das sind 36 km/h - sie haben ein Gefühl dafür, wenn Sie bei langsamer Fahrt die Hand aus dem Autofenster halten - dann ist die Leistung, die uns der Fahrtwind beschert, pro Quadratmeter senkrecht zur Fahrtrichtung

$$N = ½ \times 1{,}2 \times 10 \times 10 \times 10 \text{ Watt} = 600 \text{ Watt}$$

Würden wir also einen Hula-Hoop-Reifen (erinnern Sie sich?) aus dem Autofenster halten und zwar so, dass der Fahrtwind durch die Öffnung des Reifens pustet, dann rauschten da so ungefähr 600 Watt durch. Genau so ist es, wenn Sie den Reifen in der Hand halten und es bläst der Wind mit 36 km/h hindurch.

Aus der Tabelle können Sie entnehmen, dass der typische deutsche Windgenerator 1,5 Megawatt installierte Leistung hat. Wie groß ist die Fläche, die wir dem Wind entgegenhalten müssen, um bei 36 km/h Wind 1,5 MW einzufangen? Wenn ein Quadratmeter 600 W bringt, dann brauchen wir

$$1\,500\,000 \,/\, 600 = \text{ca. } 2500 \text{ m}^2.$$

Allerdings werden die Flügel leider nicht die gesamte Windenergie ernten. Tatsächlich ist der Wirkungsgrad bestenfalls 40 %. Statt 2500 m^2 brauchen wir also derer 6000 um bei 36 km/h Wind 1,5 Megawatt Strom zu produzieren.

Für eine solche Fläche brauchen wir Flügel, die 44 m lang sind. Die Flügel eines Airbus A380 Superjumbo sind je 40 m lang. Unsere Windräder müssen eben leider so groß sein, weil die Luft ein verdammt leichtes Medium ist. Ach und übrigens, die vier Turbinen des A380 leisten 330 Megawatt, so viel wie 220 unserer Windräder.

17.4 Zu viel oder zu wenig

Das mit der dünnen Luft wäre halb so schlimm, wenn in dieser Formel nicht die Geschwindigkeit in der dritten Potenz stünde. Die gute Nachricht ist, dass bei doppelter Geschwindigkeit immerhin 2 hoch 3 = 8-mal so viel rauskommt, die schlechte Nachricht ist, dass wir bei halber Geschwindigkeit nur 1/8 Leistung bekommen.

Auf der folgenden Seite ist die Kennlinie einer typischen WEA abgebildet. Bei 10 m/sec bringt sie 60 %. Wenn ihre installierte Leistung 1,5 MW ist, dann sind das also 900 kW. Was passiert bei Wind von nur 5 m/sec? Nach unserer Formel müssten es 60 % / 8 sein, sprich 7,5 %. Die Graphik zeigt aber gerade mal 5 %, also ganze 75 kW. Eine Mühle, größer als ein Super-Jumbo bringt dann so viel wie der Motor eines VW Polo.

Aber wie sieht es bei 20 m/sec aus? Bringt da die Anlage das Achtfache als bei 10 m/sec. Leider nicht. Warum? Weil die mechanischen und elektrischen Aggregate der Turbine nur bestimmte maximale Belastungen aushalten. Daher ist man auf die installierte Leistung begrenzt, auch wenn der Wind mehr hergeben würde.

Falls Sie Segler sind, kennen Sie die Geschichte ja hinlänglich. Entweder dümpelt man tagelang dahin und verbringt die Zeit mit Seemannsgarn und lauwarmem Bier, oder es kachelt dermaßen, dass man die Segel reffen muss und hofft, dass unter Deck alle Schubladen dicht sind. Es ist nicht daran zu denken, dass man bei doppelter Windgeschwindigkeit einfach doppelt, geschweige denn achtmal so schnell wäre. Den anhaltenden, kräftigen Wind, bei dem das Schiff mit seiner Lieblingsgeschwindigkeit durchs Wasser pflügt, den hat man nur alle Jubeljahre.

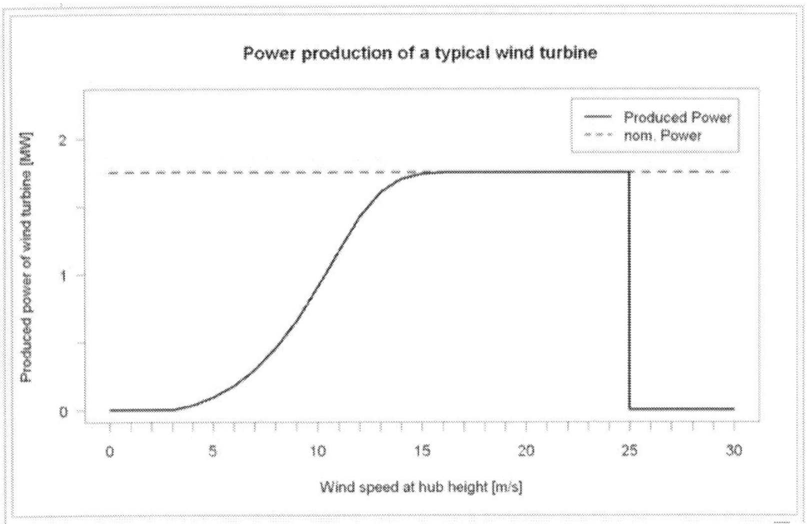

Allerdings hat der Segler, in gewissem Umfang, die Wahl, wo er sich den Wind um die Nase wehen lässt. Beliebt sind die Breiten, in denen der zuverlässige Passat weht, der die Pioniere der Seefahrt einst zu ihren mehr oder weniger vorausgeplanten Zielen brachte. Inseln in diesen Breiten, wie die Antillen oder Kanaren, sind natürlich auch gute Standorte für unsere Windrotoren. Deutschland dagegen ist nicht vom Passat gesegnet und entsprechend unregelmäßig wehen die Winde. Im Norden, insbesondere an der See ist es da noch am besten.

Aber generell hat die Formel, in der die Windgeschwindigkeit hoch drei steht, zur Folge, dass man tendenziell entweder zu viel des Guten bekommt oder gar nichts. Und das ist ja auch die aktuelle Situation: Wenn der Wind richtig weht, dann muss überschüssiger Strom zu Schleuderpreisen ins Ausland geschafft werden, manchmal sogar zu „negativen Preisen", oder aber es herrscht Flaute und 100 % des Stroms muss aus den herkömmlichen Kraftwerken bezogen werden.

Aus dieser Lage können wir uns auch nicht durch das Aufstellen zusätzlicher Rotoren retten. Die werden bei starkem Wind noch mehr Überschuss produzieren und bei Flaute auch genauso wenig.

Bitte rechnen Sie jetzt genau mit. Prüfen Sie meine Angaben anhand eigener Quellen; ich möchte Ihnen hier auf keinen Fall etwas vormachen. In 2011 wurden durch Windenergie in Deutschland 48 Mrd. Kilowattstunden Strom erzeugt. Nehmen wir an, dass dadurch in konventionellen Kraftwerken weniger Kohle verfeuert und dadurch entsprechend CO2 eingespart wurde (was übrigens keineswegs garantiert ist; es könnte ja auch sein, dass man nur die Importe aus tschechischen KKWs reduziert hat, aber lassen Sie uns die bestmögliche Annahme machen).

Ein Kohlekraftwerk pustet pro kWh ca. 1 kg CO2 in die Luft. Unsere Windkraftanlagen haben also bestenfalls 48 Mrd. kg = 48 Mio. Tonnen CO2-Emission eingespart. Chinas jährliche CO2-Emission wächst jedes Jahr um rund 600 Mio. Tonnen, das ist mehr als das zehnfache. Mit anderen Worten, auch wenn man Deutschland bis in den letzten Winkel mit Windmühlen vollstellt, dann wird allein der jährliche Zuwachs an chinesischer Emission den ganzen deutschen alternativen Zauber mehr als zunichtemachen. Global gesehen ist die deutsche Energiewende nicht einmal ein Tropfen auf den heißen Stein, in CO2-Hinsicht ist sie wirkungslos.

Falls Wind und Solar mit der Absicht aufgestellt wurden, den Klimawandel zu verhindern oder zu verzögern, so ist das total gescheitert. Wie Sie gesehen haben, kann man das auf einer halben DIN-A4-Seite zeigen.

Falls die Behauptungen von Kyoto usw. zuträfen, dann säße ja die ganze Welt in einem Boot, das an allen Ecken und Enden leckt. Man ist sich einig, dass es früher oder später sinken wird, falls nicht jeder an Bord die Löcher in seiner Umgebung stopft. USA und China sitzen auf besonders großen Rissen im Schiffsrumpf, machen aber nur symbolische Anstrengungen zur Reparatur.

Deutschlands Leck ist vergleichsweise harmlos, ein kleines Rinnsal, vielleicht ein Hundertstel des gesamten Wassereinbruchs. Trotzdem setzt

das Land einen sehr großen Teil seiner Ressourcen ein, um diesen kleinen Riss zu reparieren, ungeachtet der Tatsache, dass durch die anderen Lecks die eigene Mühe mehr als zunichtegemacht wird. Mit Scheuklappen an den Augen redet man sich ein, etwas Sinnvolles zu tun, obwohl sich das Schiff immer schneller mit Wasser füllt.

Allerdings werden bei Investitionen im 11-stelligen Bereich sicher ein paar Euro übrig sein für kreative PR-Agenturen, die uns mit passenden Worthülsen davon überzeugen, dass das Ganze dennoch eine wichtige Sache ist.

Vielleicht nimmt sich ja der Rest der Welt Deutschland zum Vorbild und dann wird alles gut. Das bezweifle ich allerdings, aus einer Reihe von Gründen. Nicht zuletzt deshalb, weil Deutschland mit 10,7 Tonnen CO2 pro Kopf und Jahr unter den Industrienationen Europas den höchsten

Carbon Footprint hat! Wussten Sie das? UK hat 8,95, Frankreich 6,34, Spanien 7,73, Italien 8,40, Polen 8,49 (www.breatingearth.net).

Und wenn unsere Kanzlerin, eine hochintelligente Frau und promovierte Physikerin, auf diese Zahlen blickt, was wird ihr dann durch Kopf und Herz gehen? Ist sie voll des Stolzes oder hat sie vielleicht doch ein bisschen schlechtes Gewissen? Wir werden es nie erfahren.

18 Wasser marsch!

18.1 Das ultimative Kraftwerk

Haben Sie vor, demnächst nach Südamerika zu reisen? Mein Tipp: Besuchen Sie die Wasserfälle des Iguazu. Es ist ein Naturschauspiel, welches Sie beeindrucken wird. Dazu kommt die tropische Umgebung mit den größten Schmetterlingen, die Sie wohl jemals in nüchternem Zustand sehen werden.

Nicht weit weg von Iguazu stoßen Sie auf einen anderen Superlativ: das Wasserkraftwerk Itaipu an der Grenze zwischen Brasilien und Paraguay. Es ist das größte seiner Art auf diesem Planeten. Seine elektrische Leistung entspricht der von einem Dutzend ausgewachsener KKW-Blöcken. Das Land Paraguay wird fast ausschließlich durch dieses Kraftwerk mit Strom versorgt, was es zum grünsten Land der Erde macht, obwohl das kaum jemals erwähnt wird.

Warum bauen wir nicht so etwas in Europa? Ein Staudamm von Itaipu-Ausmaßen würde recht gut in die Straße von Gibraltar passen und würde das Mittelmeer vom Atlantik abtrennen. Was würde passieren? Der Wasserspiegel im Mittelmeer würde anfangen zu sinken, weil mehr Wasser verdunstet als Po, Rhone, Ebro, Nil und Konsorten nachliefern können. Man hat geschätzt, dass der Wasserspiegel des Mittelmeers pro Jahr um einen halben Meter sinken würde. Wenn wir 500 Jahre warten, dann haben wir 250 Meter Höhendifferenz am Damm von Gibraltar: draußen, am Atlantik wäre der Meeresspiegel einen viertel Kilometer höher als drinnen.

Das Mittelmeer hat eine Fläche von rund 2 Millionen Quadratkilometern, d. h. pro Jahr verdunsten rund 10^{12} Kubikmeter, sofern das mit dem halben Meter jährlicher Absenkung stimmt. Wenn man dieses Volumen an Wasser aus dem Atlantik nachfließen ließe und das Gefälle von 250 Metern zum Antrieb von Turbinen und Generatoren benutzen würde, dann könnte man rund 70 Gigawatt erzeugen, etwa den aktuellen Strombedarf von Deutschland; total grün und total nachhaltig.

Man müsste sich bei diesem Projekt überlegen, ob man das Schwarze Meer auch absenkt bzw. trockenlegt, oder ob man an den Dardanellen einen Damm errichtet. Der Suezkanal allerdings hätte dann keine so rechte Funktion mehr, weil die Höhendifferenz von 250m zwischen Mittelmeer und Kanal für die Schifffahrt unpraktisch wäre.

Natürlich würde sich landschaftlich einiges ändern: Die jetzigen Hafenstädte des Mittelmeeres lägen auf dem Trockenen, viele Kilometer vom Wasser entfernt. Es würden natürlich neue Küsten geschaffen, aber ich bezweifle, dass die Architekten von heute dort noch einmal so anmutige Städte wie Neapel, Barcelona oder Venedig hinbekämen. Schade wäre es auch um die schönen griechischen Inseln, die ohne Wasser viel von ihrem Charme einbüßen würden.

Nicht zu unterschätzen wäre allerdings die Bedrohung des neuen Mittelmeerraumes durch einen Bruch des Dammes von Gibraltar. Der würde nicht nur die Mutter aller Tsunamis auslösen, sondern auch die neu geschaffenen Küstenstädte, oder das was davon dann noch übrig ist, für immer unter 250 m Wasser setzen.

Also vielleicht doch keine so gute Idee. Sie stammt übrigens von dem deutschen Architekten Hermann Sörgel, der diese in den 20er-Jahren entworfen und anschließend verfolgt hatte. Das Projekt ging unter dem Namen Atlantropa in die Geschichte ein.

18.2 Grenzen der Wasserkraft

Nicht alle Anlagen sind so eindrucksvoll wie die von Itaipu oder so verrückt wie Atlantropa. Architektonisch gut gelungen ist das Walchenseekraftwerk in Oberbayern; es ist seit 1924 in Betrieb und kann 124 MW leisten.

In Deutschland stehen insgesamt etwas mehr als 7 GW installierte Leistung aus Wasserkraft zur Verfügung; die zwei größten Werke tragen je 1 GW bei, der Rest verteilt sich auf gut 100 Anlagen mit Leistungen zwischen einem und einigen hundert Megawatt.

Vieviel Strom so ein Kraftwerk leistet, hängt ab von der Wassermenge, die zur Verfügung steht, und dem Höhenunterschied, den man nutzen kann. Bei der Anlage am Walchensee sind das 200 m, ein schönes Gefälle. So eine begnadete landschaftliche Voraussetzung, dass ein See nahe an einem 200-m-Abhang liegt und unten ein anderer See ist, der Kochelsee, der das Wasser auffängt, findet man natürlich nur selten. Es ist also kaum noch Potenzial für zusätzliche Wasserkraft in großem Umfang vorhanden, denn in den vergangenen hundert Jahren haben die Ingenieure schon die besten Chancen im Gelände genutzt.

Insofern können wir von der Wasserkraft, die wenig glamourös, aber zuverlässig ihre paar Prozente zu unserem Strombedarf beiträgt, nicht die Lösung unserer Energieprobleme erwarten.Auf Pump überleben?

In manchen Wasserkraftwerken lassen sich gewissermaßen der Lauf der Zeit und der des Wassers umdrehen. Falls man überschüssige Elektrizität hat, kann man von der Talstation zurück ins obere Reservoir pumpen und das gleiche Wasser ein zweites Mal den Berg hinunterrauschen lassen. Wenn im oberen Speicher genügend Platz ist, dann ist das eine schöne Methode, um da oben gewissermaßen Strom zu lagern. Genau so etwas bräuchten wir ja, um die Überschüsse aus der eigenwilligen Wind- und Solarenergie sinnvoll zu speichern. Allerdings haben von unseren Wasserkraftwerken, die ohnehin nur einen kleinen Prozentsatz unseres Strombedarfs decken, ganz wenige diese Pump-Option. Dennoch wird diese Methode immer wieder als Joker der Energiewende ins Spiel gebracht.

An dieser Stelle möchte ich etwas abschweifen: nach Armenien. Dieses Land war früher Teil der Sowjetunion, und der Rundfunksender der Hauptstadt, Radio Eriwan, war unter Kontrolle kommunistischer Bürokraten. Die achteten darauf, dass Unzulänglichkeiten des herrschenden politischen Systems nicht zur Sprache kamen. Es gab da eine Sendung, in der Briefe von Zuhörern beantwortet wurden. Für dieses Programm hatte man sich einen rhetorischen Trick ausgedacht, um kniffligen Fragen mehr oder weniger elegant auszuweichen. Es war diese Floskel „im Prinzip ja, aber ...", die den Sender auch auf der anderen Seite des Eisernen Vorhangs berühmt machte. Hier ein Beispiel:

Anfrage an Radio Eriwan: „Stimmt es, dass Bauer Sergej Karapetian bei der staatlichen Lotterie eine Wolga-Limousine gewonnen hat?".

Antwort von Radio Eriwan: „Im Prinzip ja, aber es handelt sich nicht um eine Limousine, sondern um ein Fahrrad, und das hat er nicht in der Lotterie gewonnen, sondern es ist ihm gestohlen worden."

Fragen Sie doch mal die Kanzlerin, ob Pumpspeicherwerke nicht die ideale Problemlösung für die Energiewende sein könnten, da sie uns im Zusammenspiel mit Windrädern ja eine kontinuierliche CO_2-freie Energieversorgung garantieren könnten. Die Antwort kann nur sein: „Im Prinzip ja."

19 Grün auf vier Rädern

19.1 Im Scheunentor unterwegs

Warum braucht ein Auto eigentlich einen Motor? Wenn man so dahinfährt und das Gas wegnimmt, dann rollt es doch noch eine Weile ganz flott weiter.

Aber letztlich bleibt es dann doch stehen. Das kommt daher, dass der Erzfeind der Bewegung, die Reibung, das Auto systematisch abbremst. Sie entsteht einerseits dadurch, dass sich die Reifen beim Abrollen verformen, und das braucht Kraft. Andererseits leistet die Luft Widerstand, und zwar umso mehr, je schneller wir sind, je größer das Fahrzeug ist, das wir durch die Gegend schieben und je ungünstiger dessen Form ist.

Dann brauchen wir noch zusätzlich Kraft, um vom Stand auf Geschwindigkeit zu kommen oder wenn's bergauf geht, wobei wir dafür allerdings bergab entschädigt werden.

Wenn wir ein besonders sparsames Auto bauen wollten, dann haben wir damit schon die Formel für unser Design: klein und windschnittig wegen des Luftwiderstandes, langsam aus dem gleichen Grund, leicht, damit beim Beschleunigen wenig Kraft gebraucht wird, damit die Reifen schmal sein können und sich weniger verformen.

Diesen Anforderungen entspricht das Fahrrad sehr gut, am besten ein Rennrad, auf dem man sich windschlüpfrig über den Lenker beugt. Wenn wir dann die Reifen gut aufpumpen und auf anständiger Fahrbahn unterwegs sind, dann bringen uns die 50–100 Watt (das sind so 0,07 bis 0,13 PS) unserer Muskeln auf gute 25 km/h. So kommen wir in 4 Stunden 100 Kilometer weit und leisten dabei, sagen wir mal, 80 Watt x 4 Stunden = 0,32 kWh. Ein Automotor leistet übrigens für jeden Liter Benzin den er verbraucht, etwa 3 Kilowattstunden, also zehnmal so viel. Mit anderen Worten, das Fahrrad würde 1/10 Liter Benzin auf 100 km brauchen. Das ist sozusagen die Minimallösung für Fortbewegung auf Rädern.

Falls wir's ein bisschen bequemer und schneller haben wollen, dann brauchen wir doch ein Auto, das möglichst leicht, klein, langsam und auf schmalen Reifen daherkommt. Das sind nicht gerade die Spezifikationen eines Jeep Cherokee oder eines Porsche Cayenne, die ja eher schwer, groß und schnell auf Breitreifen unterwegs sind und die so windschlüpfrig sind wie ein Scheunentor - quer zur Fahrtrichtung.

Warum kauft sich dann jemand so ein Auto? Weil es ihm egal ist, ob der Wagen für die ersten 100.000 km, die er fährt, nun 8 oder 18 Liter pro hundert km braucht. Der Unterschied sind ganze 10.000 Liter Sprit, keine 20.000 Euro, die man einfach in den 100.000-€-Paketpreis aus Speed, Bequemlichkeit und Prestige mit einrechnet.

Am anderen Ende der Skala steht das Minimalfahrzeug, das den bescheidensten Anforderungen an Bequemlichkeit, Raum und Geschwindigkeit gerade gerecht wird, etwa das vielzitierte 3-Liter-Auto, das die Käuferherzen aber noch nicht so richtig erobert hat.

19.2 Verkehrsstrom

All das könnte sich ändern, wenn wir uns mit der Idee anfreunden müssen, elektrisch unterwegs zu sein. Dann ist es keine Kostenfrage mehr, ob man sich in so ein drolliges Kriechtier setzt, sondern eine Frage der Reichweite.

Die heutigen Batterien für Elektroautos haben so etwa 50 kWh Kapazität. Erinnern Sie sich an die Faustformel: ein Liter Sprit = drei Kilowattstunden? Unser E-Wagen hätte dann 50 / 3 = 17 Liter im Tank. Damit würde unser Cayenne nicht weit kommen; dann lieber im Äquivalent des 3-Liter-Autos sitzen, dafür aber 500 km fahren.

Am Elektroauto ist letztlich nichts besonders innovativ, mit einer Ausnahme. Es ist ein abgespeckter Kleinwagen, bei dem der Otto- durch einen Elektromotor ersetzt ist und der Tank durch die Batterie. Und letztere ist die Innovation. Da beißen sich die Entwicklungsingenieure die Zähne aus, denn die ist noch viel zu schwer. Die erwähnte 50-kWh-Einheit bringt über 300 kg auf die Waage, das ist nicht sehr elegant. Zum Vergleich: der Tank mit 17 Litern Benzin wiegt keine 20 kg.

Falls Sie sich trotzdem überlegen, Ihr SUV durch ein E-Vehikel zu ersetzen, hier noch ein paar Fakten:

Drei Kilowattstunden aus der Steckdose kosten 0,50 Euro. Das ist das Äquivalent von 1 Liter Benzin, der € 1,50 kostet. Kleiner Wermutstropfen: Um Ihre 50-kWh-Batterie aufzuladen, holen Sie 60 oder 70 kWh aus der Steckdose, aber trotzdem ist es noch viel billiger, als mit Benzin zu fahren. Allerdings: Die Batterie selbst lebt nicht ewig, das kennen Sie ja schon von Ihrem Laptop; und eine neue Batterie ist verdammt teuer. Das Finanzamt hat sicherlich auch schon herausgefunden, wie viel billiger elektrisch Autofahren wäre, vermutlich mit Hilfe der Studie eines teuren Beratungsunternehmens. Und so ein Geschenk kann man dem Steuerzahler nicht einfach so überlassen. Daher ist damit zu rechnen, dass Strom fürs Auto extra besteuert würde, egal wie absurd das wäre.

Vielleicht haben Sie irgendwo gelesen, dass ein E-Auto beim Bremsen seine Bewegungsenergie wieder zurück in Strom verwandelt und damit die Batterie auflädt. Stimmt das? „Im Prinzip ja" würde Radio Eriwan antworten, es macht aber nicht viel aus und wenn, dann ohnehin nur bei Stadtfahrten.

Das Aufladen der Akkus dauert übrigens mindestens 3-4 Stunden, man müsste seine „Tankpausen" also etwas gründlicher Planen, als man das heute macht.

Soweit die Kosten/Nutzen-Betrachtung aus der Perspektive des Einzelnen. Elektroautos wurden aber deshalb aktuell, weil man sie als grüne Patentlösung entdeckt hatte, weil man darin einen Beitrag sah, den Planeten zu retten. Schauen wir mal, wie viel Wahres da dran ist.

19.3 Ein Patentrezept?

Produziert ein Elektroauto weniger CO2 als ein vergleichbares Fahrzeug mit Benzinmotor? Das kommt darauf an, wie der Strom erzeugt wird, mit dem ich meine Akkus auflade. Der Strom aus der Steckdose ist überwiegend fossilen Ursprungs, d. h. mit CO2 behaftet, und zu weniger als 40 % alternativ und nuklear, d. h. sauber. Berücksichtigt man die Verluste bei der Verteilung, Umwandlung und Speicherung der Elektrizität im Akku, dann gibt es keinen Zweifel, dass das gleiche Auto mit Benzinmotor einen geringeren Carbon Footprint hinterlässt als der E-Wagen. Bedenken Sie auch, dass Benzin, das ja aus Kohlenwasserstoffen besteht, pro kWh weniger CO2 hinterlässt als Braun- oder Steinkohle. Soweit ist unser E-Auto also keine Entlastung für die CO2-Bilanz.

Es gäbe aber ein anderes Szenario, welches CO2-mäßig Sinn machen würde. Wir hatten ja gesehen, dass es dann, wenn Wind und Sonne besonders aktiv sind, meistens des Guten zu viel ist und der überschüssige Strom zu Schleuderpreisen ins Ausland geleitet wird. Stellen Sie sich vor, man würde die ganzen Windmühlen und Solaranlagen vom Netz abklemmen und nur für das Aufladen der Akkus von E-Autos verwenden.

Wind hatte uns in 2011 ja immerhin 48 Mrd. kWh beschert, das entspricht 16 Mrd. Litern Benzin. Der private Treibstoffverbrauch für Pkws beträgt 40 Mrd. Liter pro Jahr. Würde ein Viertel der Pkw-Benutzer auf E-Autos umsteigen, so stünde genug Windstrom zur Verfügung, um sie total grün zu versorgen. Diese Betrachtung stimmt, wenn man davon ausgeht, dass die Umsteiger in der gleichen Wagenklasse bleiben. Würden die aber von Mittelklasse-Pkws auf E-Autos der 3-Liter-Klasse wechseln, also „downgraden", so wäre die Rechnung noch wesentlich günstiger. Da gibt es dann natürlich noch ein kleines Problem. Wird der Wind gerade wehen, wird die Sonne gerade scheinen, wenn mein Akku leer ist? Und kann ich dann so lange warten, bis die Naturkräfte ihn voll geladen haben?

Um die launenhaften Stromlieferanten praktisch zu nutzen, bräuchte man mehrere von den Batterien, so wie sie twa im „Nissan Volt" installiert sind und fast so breit sind wie das ganze Auto. Heute wäre das noch eine Vermögensanlage, wenn man sich drei oder vier von den Dingern in die Garage legt, denn sie sind sündhaft teuer. Aber in ein paar Jahren könnte das schon anders aussehen, und dann hätte man für wind- und sonnenlose Perioden die nötige Reserve.

Abgesehen von technisch-physikalischen gäbe es da noch ein paar organisatorische Fragen zu lösen. Wie soll der Strom von den Mühlen zu den Akkus gelangen? In Deutschland ist der Trend ja hin zu teuren, zentralistischen Systemen, die wenig Eigeninitiative erfordern. Solch eine zentralistische Lösung könnte darin bestehen, dass man ein zweites Stromnetz in Deutschland aufbaut, in das die Windgeneratoren dann ihren subventionierten Strom einspeisen und dass aus diesem Netz die bundesdeutschen Akkus versorgt werden, über ein grünes Spezialkabel mit einem grünen Spezialstecker, der nur in die entsprechenden grünen Spezialsteckdosen passt.

Das würde viele Vorteile des ganzen Modells zunichtemachen. Besser wäre eine lokale Lösung, bei der eine Windmühle die E-Autos in ihrem Umkreis versorgt. Ist das plausibel? So ein typischer Windgenerator hat 1,5 MW installierter Leistung. Tatsächlich leistet er im Jahresdurchschnitt aber nur 20 % davon (sie erinnern sich - weil der Wind so unzuverlässig ist), das wären dann 300 kW.

Pro Stunde würden dann, durchschnittlich und ganz offensichtlich, 300 kWh erzeugt. Für ein E-Auto sind drei Kilowattstunden so gut wie früher ein Liter Benzin. Sie können sich also vorstellen, dass pro Stunde durchschnittlich das Äquivalent von 100 Litern Benzin aus der Windmühle kommt. Damit könnte man eine 1500-köpfige Gemeinde versorgen.

Solch eine Lösung würde zwar keinen nennenswerten Beitrag zur Rettung des Planeten vor CO2 leisten, wir hatten das ja in Kapitel 19.5 gesehen, aber sie würde uns etwas viel Wichtigeres bescheren: weniger Abhängigkeit von Erdöl, dessen steigender Preis uns mittel- und langfristig ruinieren könnte.

19.4 Die Schnapsidee

Eine Schnapsidee ist ein Einfall, der im alkoholischen, ideologischen oder sonstigen Rausch entsteht und rasch, ohne kritische Analyse umgesetzt wird. Ihre Resultate liegen dann auf einer Skala irgendwo zwischen peinlich und katastrophal.

Eine der Schnapsideen, welche die Energiewende charakterisieren, besteht darin, den Strom aus alternativen Quellen, insbesondere Wind und Photovoltaik, mit der guten alten Elektrizität aus Kohle, Atom, Gas und Wasserkraft zu mischen. Das herkömmliche Versorgungssystem hat uns immerhin Jahrzehnte lang unauffällig, mit beeindruckender Zuverlässigkeit und preiswert mit Strom beliefert. Es war eine Säule des Wirtschaftswunders und der Konkurrenzfähigkeit der deutschen Industrie.

Durch das Zusammenlegen der wetterbedingt kapriziösen alternativen Energiequellen - die Strom liefern wenn Wind und Sonne es so wollen und nicht wenn er gebraucht wird - mit den verlässlichen konventionellen, hat zu der paradoxen Situation geführt, dass der Zuverlässige sich jetzt nach dem Launenhaften richten muss. Das führt zu enormen Kosten und gigantischen logistischen Problemen. Der Schwanz wedelt mit dem Hund!

Das im vergangenen Kapitel vorgeschlagene Modell - und ich kann mir kaum vorstellen, dass ich der erste bin, der auf diese Idee kommt - könnte zumindest der Windenergie noch einen gewissen Allgemeinnutzen abgewinnen. Aber es sollte ja ein Zeichen gesetzt werden, dass Wind und Sonne die eigentlichen, die einzigen Quellen deutscher Energie sein sollen. Aber die Natur kann man eben nicht zum Narren halten.

20 Die Sonne in der Schachtel

20.1 Güldene Gase

Hier nun eine wahre Geschichte aus einer deutschen Universität, nicht aus einem armenischen Radiosender:

Ein Medizinstudent aus einem arabischen Land hatte Examen in Chemie. Der Professor war verzweifelt, weil der sympathische junge Mann von nichts eine Ahnung hatte. Also fragte er ihn etwas vermeintlich ganz Einfaches: „Woraus besteht die Sonne?" Und der Prüfling zögerte keine Sekunde: „Aus Gold".

Sie hätten es besser gewusst. Die Sonne besteht zu rund 90 % aus Wasserstoff, der Rest sind Helium und Spuren von ein paar anderen Gasen. All diese Gase sind furchtbar heiß: An der Sonnenoberfläche sind es 6000 °C, im Zentrum viele Millionen. Woher kommt die Hitze?

Die Atomkerne des Wasserstoffs prallen bei den hohen Temperaturen dermaßen stark aufeinander, dass sie einander so nahe kommen, dass eine ungestüme Anziehungskraft, genannt „starke Wechselwirkung", die Oberhand über die elektrische Abstoßung zwischen den positiv geladenen Kernen gewinnt und die beiden zu einem einzigen Atomkern verschmelzen. Das Ganze heißt Kernfusion.

Dabei wird enorme Energie frei - Millionen mal mehr als bei der „normalen" Verbrennung von Wasserstoff. Diese Energie sorgt dafür, dass die Sonne heiß bleibt und dass weiterer Wasserstoff fusioniert. Wann wird der Wasserstoff verbraucht sein? Nachdem die Sonne momentan zu 90 % aus Wasserstoff besteht, wird es noch eine Weile dauern, so ein paar Milliarden Jahre.

Bei der Fusion wird letztlich Helium gebildet, und zwar auf indirektem Wege, den wir uns hier nicht näher anschauen wollen. Zu diesem Thema hat übrigens Carl Friedrich von Weizsäcker, Bruder unseres früheren Bundespräsidenten, entscheidende Arbeiten geleistet.

Früher im Buch hatten wir schon einmal die Gleichung $E = mc^2$ erwähnt. Sie besagt, dass der Energiegehalt E eines Systems die Masse m besitzt; ganz offensichtlich ist diese Masse $m = E / c^2$.

So wie eine gespannte Spiralfeder mehr Energie hat als eine schlaffe, so hat sie auch mehr Masse. Nehmen wir an, in der Spannung stecke 1 Joule Energie, dann ist die dazugehörige Masse 1 Joule/c^2, wobei c die Lichtgeschwindigkeit ist, 3×10^8 m/sec.

Also kommen wir auf den Massenunterschied

$$\text{gespannt-schlaff} = 1 / (3 \times 10^8)^2 = 1{,}1 \times 10^{-17}\ \text{kg}$$

Das ist verdammt wenig im Vergleich zur Masse der Feder selbst, die vielleicht 100 g wiegt (wir sprechen hier von stählernen Spiralfedern, nicht von den Daunenfedern im Kopfkissen). Dieser Unterschied ist einfach nicht messbar, aber trotzdem vorhanden.

Das ist bei der Kernfusion anders. Die Energie, die hier erzeugt wird, ist so gewaltig, dass sie immerhin 0,8 % der Masse der beteiligten Atomkerne ausmacht - ein durchaus messbarer Unterschied, der auch „Massendefekt“ genannt wird. Sie können daher manchmal lesen, bei der Kernfusion würde Masse in Energie verwandelt. Das ist zwar richtig, aber es ist auch trivial. Das ist immer so, wenn irgendwo Energie erzeugt wird. Auch bei der Entspannung einer Spiralfeder (z. B. in einer Uhr) wird, wie wir ausgerechnet haben, Masse in Energie verwandelt.

Nur ist es eben bei der Kernfusion auf der Sonne viele Zillionen mal mehr, als wir das hier auf der Erde gewohnt sind.

20.2 Eine kleine Sonne - das wäre schön

Wenn wir uns eine kleine Sonne auf der Erde halten könnten, das wäre schön. Sie würde uns im Winter wärmen und könnte uns immer Strom liefern, so viel wir bräuchten. Und unsere CO_2-Sorgen könnten wir vergessen.

Daran arbeitet man seit einem halben Jahrhundert, die Fortschritte aber sind langsam und teuer. Wir müssen einsehen, dass das eine gewaltige technische Herausforderung ist. Immerhin müssen Gase auf viele

Millionen Grad erhitzt werden und der ganze Segen muss in einem Gefäß untergebracht sein, welches bei den Temperaturen mitmacht. Das ist nicht ganz einfach. Einer der Forscher drückte es so aus: Wir wollen die Sonne in der Schachtel; dabei ist die Schachtel das eigentliche Problem.

Nach heutiger Einschätzung durch die Experten selbst ist man vielleicht 30 Jahre von einer Lösung entfernt und ebenso viele Milliarden Euro. Das wird wohl auch so bleiben.

20.3 Going Nowhere, Slowly

Seit 50 Jahren arbeitet man also an der kleinen Sonne, und man schätzt, dass man noch mindestens 30 Jahre brauchen wird? Macht das Ganze Sinn? Einerseits geht es ja darum, dass die kleine Sonne alle unsere Energieprobleme mit einem Schlage lösen würde. Andererseits muss man die Wahrscheinlichkeit abschätzen, dass das Ganze überhaupt klappt. Soll man also weitermachen?

Die Meinungen gehen auseinander. Die Grünen lehnen die Entwicklung natürlich ab, weil es sich nicht um „sanfte Technologie" handelt. Was ist eine sanfte Technologie? Das ist eine Sache, die von 90 % der grünen Klientel gedanklich nachvollzogen werden kann; dazu gehören Dinge wie der Luftballon, das Windrad und der Kinderwagen. Beim Handy scheiden sich schon die Geister, frau will zwar ihre beste Freundin jederzeit und überall anrufen können, aber die Mobilfunkmasten mit ihrer gefährlichen Strahlung will man nicht haben.

Fakt ist, dass zurzeit ein internationales Programm läuft, unter dem Namen „International Thermonuclear Experimental Reactor" (ITER). Auch die Vokabeln thermonuklear und Reaktor werden die Grünen nicht unbedingt versöhnlich stimmen. Aber das ist nicht das einzige Problem.

Wie bei vielen multinationalen Programmen geht es auch bei ITER eher darum, dass jede Nation möglichst viel zu sagen und möglichst wenig zu zahlen haben möchte. Das führt zu Personalquerelen, und nicht der beste Wissenschaftler oder Ingenieur wird den wichtigsten Posten bekommen, sondern derjenige, der am wenigsten Konfrontation mit den

Bürokraten auslöst. Aber die zu lösenden wissenschaftlichen und technischen Probleme sind so gewaltig, dass mit diesen politisch/bürokratischen Kriterien die Erfolgschancen gering sind.

20.4 Wettlauf der Genies

Vor 70 Jahren fand eine ähnliche Anstrengung statt, mit dem Ziel, den ersten Atomreaktor für Kernspaltung zu bauen. Man wusste damals nicht, ob die nukleare Kettenreaktion überhaupt funktioniert, aber man wusste, dass es von enormer militärischer als auch ziviler Bedeutung wäre, es herauszufinden.

Die drei besten Denker der modernen Physik - auf die einigt man sich etwa so schnell wie auf die drei größten klassischen Komponisten - waren Albert Einstein (Relativitätstheorie), Enrico Fermi (Kernphysik) und Werner Heisenberg (Quantenmechanik). Die beiden letzteren widmeten sich dem Vorhaben der kontrollierten Kernspaltung: Fermi und sein Team in den USA, Heisenberg in Deutschland. Fermi war erfolgreich, Heisenberg nicht.

Warum das so gekommen ist, wurde viel diskutiert, und es gab Behauptungen (insbesondere durch von Weizsäcker), die Gruppe um Heisenberg hätte den Fortschritt vorsätzlich gebremst, um zu verhindern, dass Hitler die Atombombe bekommt. Es spricht vieles dagegen, dass es tatsächlich so war. Deutschland hätte ohnehin nicht die Ressourcen gehabt, um die Bombe zu bauen, aber für einen Reaktor hätte es gereicht.

Es ist eher wahrscheinlich, dass nach einer Reihe fehlgeschlagener Experimente Heisenberg zu dem Schluss kam: Kettenreaktion funktioniert nicht.

Was für dieses letztere Szenario spricht, sind geheime Aufzeichnungen von Gesprächen unter den führenden deutschen Atomforschern, die 1945 in England gemeinsam interniert waren und durch versteckte Mikrofone belauscht wurden.

Nachdem die Physiker durch die britischen „Gastgeber" über den Abwurf der Hiroshima-Bombe durch die USA informiert worden waren, ergab sich das folgende Gespräch.

Otto Hahn (Nobelpreisträger, Entdecker der Kernspaltung): *"Eine außerordentlich komplizierte Sache ... Wenn die Amerikaner die Uran-Bombe haben, dann seid ihr alle zweitklassig. Armer alter Heisenberg."*

Werner Heisenberg: *"Haben sie das Wort Uran in Zusammenhang mit dieser Atombombe gebraucht?"*

Otto Hahn: *"Nein."*

Werner Heisenberg: *"Dann hat es mit Atomen nichts zu tun ..."*

Es war wohl das einzige Mal, dass Heisenberg, Erfinder der Quantenmechanik, als zweitklassig betitelt wurde, aber Otto Hahn, damals 66, hat sich das dem 44-Jährigen gegenüber erlaubt.

Die Gruppe um Fermi in den USA hatte den Reaktor hinbekommen, und nicht nur den, auch noch drei Bomben. Auf der vorigen Seite ein Bild von 1939, es zeigt Heisenberg und Fermi (gestreifte Krawatte) gemeinsam bei einer Konferenz.

Was hat all das mit unserer kleinen Sonne zu tun? Es soll zeigen, welchen dramatischen Unterschied es macht, ob der eine oder der andere geniale Kopf solch ein Projekt leitet. Fermi war eben - im Gegensatz zu Heisenberg - auch in der Experimentalphysik zu Hause, während Heisenberg „nur" Theoretiker war - wenn auch vielleicht der Beste seines Jahrhunderts. Vielleicht hätten wir die Sonne schon längst in der Schachtel, wenn ein moderner Fermi das Programm leiten würde. So lange die Positionen aber nach politischen Kriterien vergeben werden, sind die

Chancen sehr gering - ganz abgesehen davon, dass Koryphäen dieses Kalibers heute vermutlich gar nicht zu finden wären.

Interessanterweise arbeiten auch diesmal USA und Europa parallel, wobei die Amerikaner einen anderen Weg verfolgen. Vielleicht wiederholt sich ja die Geschichte, wobei ein Erfolg dieses Mal ein Segen für die ganze Menschheit wäre, denn in Sachen Energie wären wir alle Sorgen los.

TEIL 6

GRÜNE VISIONEN

Im sechsten und letzten Teil möchte ich mir, gemeinsam mit Ihnen, den Kopf über die Zukunft der deutschen Umweltpolitik zerbrechen. Diese Zukunft kann man sich nicht leicht ausmalen, denn wer kann sich schon vorstellen, dass Klimawandel und Energiewende einmal zur guten alten Zeit gehören? Lassen Sie es uns trotzdem versuchen.

21 Der deutsche Weg

21.1 Ein Volk ohne Geschichte?

Was glauben Sie: Haben die heutigen Franzosen, Engländer, oder Amerikaner, Italiener, Russen oder Spanier etwas mit ihren Landsleuten von vor ein, zwei oder drei Generationen gemeinsam - außer der Sprache? Vermutlich schon - auch wenn es in der Zwischenzeit erhebliche kulturelle und politische Veränderungen gegeben haben mag.

Viele dieser Ähnlichkeiten sind schwer greifbare Eigenarten, aber dennoch ist ihr Fortbestehen über die Jahrzehnte und Jahrhunderte ganz deutlich. Bei den Franzosen fällt uns vielleicht das Savoir-vivre ein, aber auch ein gewisser Hang zum Chauvinismus, bei den Engländern die Neigung zur Tradition und die „stiff upper lip", d. h. die Selbstbeherrschung und Zurückhaltung der Gefühle. Und wie ist das mit uns Deutschen? Haben wir heute mit den Landsleuten aus vergangenen Generationen etwas gemeinsam? Diese Frage kann man nicht ganz unbefangen beantworten; immerhin gibt es aus den entsprechenden Zeiträumen nicht nur Gutes zu berichten.

Wir neigen zu der Vorstellung, dass irgendwann zur Stunde null, so um 1945 oder 1950 die Festplatte auf dem deutschen Gesinnungs- und Verhaltenscomputer neu formatiert worden ist, sodass Charakterzüge, insbesondere solche, welche die Jahre von 1933-1945 geprägt haben, gründlich ausgelöscht sind.

Meinen ausländischen Freunden habe ich oft die Frage gestellt, was denn typisch für die Deutschen wäre, und meist recht diplomatische Antworten erhalten: etwa dass wir gute Autos bauen können, viel Bier trinken und gute Fußballer haben. Eine ganz spontane, ungefragte und daher vielleicht ehrliche Aussage machte einmal eine französische Freundin. Wir fuhren auf einer deutschen Autobahn, als ein BMW hinter ihr versuchte, sie mittels Lichthupe von der Überholspur zu verdrängen. „Et alors", klagte sie, „warum müsst Ihr Deutschen immer so unerbittlich sein!"

Es ist nicht schwierig zu verifizieren, dass es in der deutschen Geschichte einige Fälle von Unerbittlichkeit gegeben hat, aber es ist auch offensichtlich, dass dieser Charakterzug nicht ausgestorben ist. Die deutsche Autobahn ohne Speed Limit, einzigartig auf der Welt, ist ebenso eine Arena der Unerbittlichkeit wie die deutsche Anti-Atom-Bewegung.

In letzterer kommt noch ein weiterer deutscher Charakterzug ans Tageslicht: übertriebenes Sicherheitsbedürfnis. Sigmund Freud soll gesagt haben: „Angst ist nicht die Mutter aller Gefühle - Angst ist Vater *und* Mutter aller Gefühle." Damit hat er sicher nicht nur uns Deutsche gemeint, aber wir haben es darin zur Perfektion gebracht.

Nirgendwo wird man in Talkshows oder „Reality"-Sendungen so häufig mit Männern und Frauen konfrontiert, die voller Vorwurf in die Kamera schauen und bekräftigen: „Ja, ich habe Angst." Das wird in einem Ton gesagt, als wäre es einerseits ein Verdienst, Angst zu haben, und andererseits die Verantwortung der anderen - etwa der Amerikaner, die in den Irak einmarschieren, oder der Japaner, die ihr Jod 131 in die Luft blasen. Angst ist in Deutschland Kult, etwa nach dem Motto: „Ich habe Angst - und ich bin stolz darauf."

Als 2005 die Terroranschläge auf die Londoner U-Bahn die britische Nation erschütterten, da war die Bevölkerung „defiant" gegenüber der Gefahr. Man versuchte der Arbeit nachzugehen, so als wäre nichts geschehen und man zeigte vor der Fernsehkamera die „stiff upper lip". In England hat man vielleicht andere Kulte, aber Angst gehört nicht dazu.

21.2 Angst ist ein schlechter Ratgeber

Stellen Sie sich vor, die Medien berichteten von einem schlimmen Zugunglück in der Nähe von Neu-Delhi. Das deutsche Auswärtige Amt bietet Unterstützung durch das THW (Technisches Hilfswerk) an und der Bundespräsident versichert der Regierung Indiens das Mitgefühl der deutschen Bevölkerung.

Gleichzeitig aber werden Stimmen laut, die weniger versöhnlich sind. Man solle aus dem Unglück endlich die Konsequenzen ziehen. Das

Fernsehen unterbricht das reguläre Programm und spielt alle 15 Minuten Bilder und Videos eines entgleisenden Zuges ein, sowie von überforderten Rettern, welche versuchen, Opfer aus den deformierten Waggons zu befreien.

Im Land bilden sich spontan Menschenketten entlang der ICE-Eisenbahnstrecken; Greenpeace spannt Transparente quer über die Gleise mit der Aufschrift: „1500 Tote pro Jahr sind genug! Schluss mit dem Wahnsinn auf Schienen." Der Verkehrsminister schaltet sich in die öffentliche Debatte ein. Er stellt fest, die Katastrophe in Indien habe noch einmal gezeigt, was man seit Eschede eigentlich schon hätte wissen müssen: Die Eisenbahn ist keine beherrschbare Technologie. Es ist an der Zeit, ernsthaft an den Ausstieg aus dem Schienenverkehr zu denken. Schluss mit der Deutschen Bahn!

Das wäre sicherlich ein absurdes Szenario für das Deutschland des frühen 21. Jahrhunderts. Wie wäre es aber bei einem schweren Flugzeugunglück - könnte man den Ausstieg aus dem Luftverkehr fordern? Nein? Aber wenn das Flugzeug auf eine Stadt stürzte? Dann schon eher? Und wenn es ein Privatflugzeug gewesen ist?

Die Eisenbahn abschaffen? Nein - wie kommt man dann ins Büro? Und die Fliegerei - wie kommt man dann in den Urlaub? Aber die Privatflieger und Hobbypiloten, auf die könnte man ersatzlos verzichten.

Die Aspekte Neid und Nutzen sind hier wichtige Motive, aber nicht die einzigen. Ein entscheidender Punkt bei Ablehnung oder Akzeptanz von Risiken ist die Nachvollziehbarkeit einer Technologie. Je einfacher man sich vorstellen kann, was da passiert, desto beherrschbarer erscheint ein Risiko, desto toleranter sind wir gegenüber Missgeschicken und Statistiken. Die Eisenbahn erscheint nicht besonders geheimnisvoll: Die Räder rollen auf der Schiene und der Strom kommt aus der Oberleitung. Wenn die Gleise in Ordnung sind - und die sind schließlich aus Eisen - dann sollte doch eigentlich nichts passieren. Von dieser Ansicht lassen wir uns nicht abbringen, auch wenn jedes Jahr weltweit Tausende in Zugunglücken ihr Leben lassen.

Beim Flugzeug ist das schon eine andere Sache. Wenn ein Luftloch kommt, dann fällt der Flieger runter wie ein Stein. Darum haben ja so viele Menschen Flugangst. Airlines bieten solchen Passagieren Seminare an, damit sie ihre Furcht überwinden und nicht auf andere Verkehrsmittel umsteigen. Zentrales Thema in diesen Kursen ist nicht etwa das Leben nach dem Tode, sondern eine anschauliche Erklärung, warum ein Flugzeug gar nicht anders kann, als in der Luft zu bleiben. Ein Bekannter erzählte mir, dass ihn sehr beruhigt hätte, bei solch einer Veranstaltung zu erfahren, dass die beiden Flügel nicht etwa an den Seiten des Flugzeugrumpfes angeschraubt seien, und so bei Turbulenzen leicht nach oben wegklappen könnten, sondern dass es sich um eine einzige starre Tragfläche handelte, die unter dem Rumpf hindurchgeht.

Das garantiert zwar noch nicht die totale Sicherheit, aber es zeigt doch zumindest, dass die Ingenieure sich ein paar Gedanken gemacht haben, als sie die Maschine konstruierten. Wenn man dann noch erfährt, dass es Luftlöcher gar nicht gibt, dann bekommt man Schritt für Schritt mehr Zutrauen, auch zu dieser Technologie.

21.3 Das Böse schlechthin

Mit der guten alten Eisenbahn haben wir also kein Problem, mit dem Flugzeug schon eher, aber da lassen wir uns noch überreden. In Sachen Kernenergie allerdings sind wir kompromisslos, unversöhnlich, unerbittlich. Wir wissen nicht, was da in diesen grauen Betonkuppeln mit den Kühltürmen nebenan abläuft, aber wir wollen es auch gar nicht wissen und noch weniger verstehen.

Dazu kommt noch die Überzeugung, dass Kernenergie nur dazu da ist, um die Profitgier von Atomlobby und Energiekonzernen zu befriedigen. Dass dabei auch Elektrizität für Wirtschaft und Haushalte erzeugt wird, interessiert nicht; der Strom kommt doch aus der Steckdose, wozu also Kernkraft. Wir wollen weder technische Argumente hören noch Statistiken sehen. Diese Angst lassen wir uns nicht nehmen.

Angst ist ein denkbar schlechter Ratgeber. Die Angst vor Hexen oder dem Teufel, vor anderen Rassen oder anderen Kulturen, die Angst vor Hunden, Spinnen oder Schlangen hat noch nie zu intelligenten Entscheidungen geführt. Und daher ist auch nicht anzunehmen, dass die Angst vor Kernkraft zu intelligenten Reaktionen in Sachen Energieversorgung und Umweltschutz führen wird.

Es ist sogar noch schlimmer: Angst und Schrecken vor der Kernenergie haben eine religiöse Komponente angenommen. Während Religion für das Individuum eine gesunde Sache sein mag, so ist sie selten heilsam, wenn sie politische Dimensionen annimmt. Das aber ist hier der Fall. Die Atomlobby ist der Satan und die Kernkraft ist das ultimative Böse. So ist das Glaubensbekenntnis. Ketzer, welche die Grundfesten unseres Glaubens in Frage stellen, verbrennen wir auf dem Scheiterhaufen. Andersgläubigen Völkern wünschen wir die Pest an den Hals.

Die Unerbittlichkeit, mit der diese Ideologie um sich schlägt, hat etwas Bedenkliches an sich. Während die meisten zivilisierten Länder neue Kernkraftwerke bauen, um die CO2-Emission zu reduzieren und dem wachsenden Energiebedarf gerecht zu werden, sperrt sich Deutschland gegen alle logischen Argumente. Anstatt die abweichende Haltung der übrigen Nationen als Anlass zu nehmen, die eigene Position infrage zu stellen, beharrt man in Deutschland nur umso unerschütterlicher auf einem totalen und ewigen Nein zur Kernkraft - am liebsten hätte man es im Grundgesetz verankert! Alt-Bundeskanzler Helmut Schmidt fasste es so zusammen: „Wir haben wieder einmal den Fall, wo die Deutschen sich einbilden, es besser zu wissen als die übrige Welt."

Fukushima wurde mit einer Unerbittlichkeit für PR ausgeschlachtet, dass es eigentlich dem hartgesottensten Atomkraftgegner hätte peinlich werden müssen. Das Video des Gebäudes, das durch eine Explosion abgedeckt wurde, lief alle fünf Minuten über die Bildschirme, Tag und Nacht. Wem wurde damit geholfen? Als in einer der mehr als zahlreichen Talkshows zu dem Thema der Einwand gemacht wurde, es hätte doch gar keine Todesopfer in Fukushima gegeben, wurde er durch die Moderatorin, Maybrit Illner, mit der nicht besonders taktvollen Antwort niedergebügelt: „Die werden schon noch kommen, das ist es ja." Man bekommt den Eindruck, dass es hier weniger um Mitgefühl mit den potentiellen Opfern ging, sondern um etwas, was mit einem Wort bezeichnet wird, das im Vokabular anderer Sprachen fehlt: es geht um „Schadenfreude".

Die Medien ignorierten, dass in den Monaten danach in Deutschland mehr als 50 Personen dem EHEC-Erreger tatsächlich erlagen, ohne dass man für sie Mahnwachen gehalten oder Kerzen in die Fenster gestellt hätte. Es wurde auch klar, dass die zuständigen deutschen Behörden sich beim Management dieser Katastrophe nicht durch Effizienz und Professionalität auszeichneten. Das hinderte aber nicht daran, an Japan Kritik zu üben.

Man zeigte japanische Babys mit Gasmasken und titelte schadenfroh: „Fukushima schlimmer als Tschernobyl", aber es gab keine Live-Übertragungen aus Intensivstationen, wo EHEC-Opfer vergeblich um ihr Überleben kämpften. Sie waren ja nur an mangelnder Hygiene in einem deutschen Biohof zugrunde gegangen.

Warum sorgte man sich nicht um diese 50 realen Todesopfer in Deutschland, oder um den wirklich zu beklagenden Verlust von 20.000 Menschenleben in Japan durch den Tsunami, sondern konzentriert sich auf die eventuell zu befürchtenden Opfer eines Industrieunfalls? Warum diese selektive Wahrnehmung? Weil aufgezeigt werden soll, welchen Preis es hat, wenn man dem falschen Glauben anhängt: Man wird in der Hölle enden!

Wir haben uns für den Deutschen Weg entschieden und haben dadurch für uns ein Stück neuer nationaler Identität geschaffen - dank unserer Unerbittlichkeit.

21.4 Willkommen in Euphemistan

Worte sind, oberflächlich betrachtet, Elemente im Werkzeugkasten der Kommunikation. Bei genauerem Hinsehen erkennen wir aber, dass Worte mehr sind als Hilfsmittel: Sie haben Substanz und können selbst Realität schaffen. Insbesondere kann ich durch eine geeignete Bezeichnung für eine unerwünschte Situation den Schein von deren Harmlosigkeit und Legitimität erwecken. Schon die Alten Griechen kannten diesen PR-Trick und sie hatten einen Namen dafür, den wir als „Euphemismus" verdeutscht haben. Ein Euphemismus ist die Benutzung eines Wortes mit dem Ziel, etwas schön zu reden.

Wenn sie im Supermarkt vor dem Regal mit Molkereiprodukten stehen, dann gibt es da Milch in den Varianten „Fettfrei" und „Vollrahm". Warum heißen die nicht „Rahmfrei" und „Vollfett"? Weil wir bei „Rahm" etwas Angenehmes assoziieren, bei „Fett" weniger. Wofür auch immer Sie sich entscheiden, Sie tun das Richtige, Sie bringen ein gutes Produkt nach Hause. Willkommen in Euphemistan.

Euphemismen sind ein unverzichtbares Instrument in der politischen Auseinandersetzung. Im Laufe der Zeit tritt der Euphemismus so in den Vordergrund, dass man das, was kaschiert werden sollte, gar nicht mehr wahrnimmt.

Kanzler Kohl hatte versprochen, die deutsche Wiedervereinigung würde entgegen allgemeiner Erwartungen nicht zu Steuererhöhung führen. Als die befürchtete Maßnahme dann unausweichlich wurde, erfand man den Begriff „Solidaritätszuschlag", heute vom Steuerzahler liebevoll „Soli" genannt. Dieses griffige Label verdeckte den Blick auf die Realität, auf die dreiste Lüge bezüglich der Wiedervereinigung ohne Steuererhöhung.

Hier noch ein anderes, fiktives Beispiel: Ein Sanatorium hat sich auf gesunde Ernährung spezialisiert, insbesondere auf Kuren zum Senken des Cholesterinspiegels. Jeden Abend gibt es Vorträge, einerseits über die Gefahren, die in tierischen Fetten schlummern und andererseits über den Segen von Obst und Gemüse. Der Speiseplan sieht entsprechend aus.

Eines Tages aber berichten die Medien, man hätte in verschiedenen Obst- und Gemüsesorten einen sehr gefährlichen Krankheitserreger gefunden. Es hat Todesfälle gegeben. Die Herkunft des Bakteriums sei nicht klar, einige Quellen sprechen von spanischen Gurken, andere von deutschen Biobauern. Die Klienten des Sanatoriums, ohnehin schon um ihre Gesundheit besorgt, sind fassungslos. Hat man sich vielleicht schon infiziert? Sagt man uns die Wahrheit? Wie wird die Sanatoriumsleitung reagieren? Ein Großteil der Gäste plant, vorzeitig abzureisen.

Das Management reagiert rasch und beherzt. Jegliches Grünzeug wird aus der Küche verbannt und ab sofort gibt es nur noch Schweinebraten und Pommes. In einem rhetorisch perfekten Vortrag gibt der leitende

Arzt die Entscheidung bekannt und gibt dieser Initiative den treffenden Namen „Diätwende".

Die Angst vor Infektion ist durch die rasche Entscheidung gebannt worden. Niemand reist ab. Erstaunlicherweise ist aber auch das Thema Cholesterin in den Hintergrund gerutscht, dank der griffigen Formel „Diätwende". Willkommen in Euphemistan.

Für die Kunden war es am Ende eine ganz erfreuliche Erfahrung. Die Kosten der Kur können steuerlich abgesetzt werden, die Krankenkassen zahlen Zuschuss, man hat nette Bekanntschaften gemacht. Nur das Cholesterin ist nicht gesunken, im Gegenteil; aber die Natur lässt sich eben nicht zum Narren halten.

21.5 Die Energiewende

Zurück zur Umwelt: Ich brauche Sie vermutlich nicht daran zu erinnern – es wird ja von kaum noch von etwas anderem geredet – dass es erklärtes Ziel der weltweiten Klimapolitik ist, die Emission von CO2 zu reduzieren. Nichtsdestotrotz bestimmte die Bundesregierung im Frühjahr 2011 die Abschaltung aller deutschen Kernkraftwerke – einige sofort, andere im Verlauf der nächsten 10 Jahre – obwohl es während der 50 Jahre Atomenergie in Deutschland nie zu einem Zwischenfall gekommen war, der Menschenleben gekostet hätte.

Es war eine übereilte, populistische Reaktion auf die Fukushima-Hysterie in der deutschen Bevölkerung. Angesichts der Landtagswahlen in Baden-Württemberg, die unmittelbar vor der Tür standen, wollte man nichts unversucht lassen, den Wähler an die Regierungsparteien zu binden, egal was es koste. Das Abschalten der Kernkraft zwingt Deutschland zu noch höherem Verbrauch von Braun- und Steinkohle als es ohnehin schon der Fall ist. Wir brauchen neue Kohlekraftwerke, welche die wegfallenden nuklearen Kapazitäten ersetzen. Für jedes stillgelegte KKW werden dann zukünftig pro Jahr etwa 10 Millionen Tonnen CO2 zusätzlich in die Atmosphäre emittiert, denn der Energiebedarf wird kaum sinken. Die Entscheidung zur Abschaltung ist also ein Schritt, der vollkommen konträr zu den Zielen der Klimaschutzprogramme ist. Wie kann man so etwas der Bevölkerung gegenüber rechtfertigen? Wie kann man diese widersprüchliche Strategie verkaufen?

Ganz einfach: Man sorgt dafür, dass die Bürgerinnen und Bürger den Widerspruch gar nicht erkennen. Man klebt ein gemeinsames Label auf Atomausstieg, auf die CO2-Reduktion und auf die Anstrengungen zum Aufbau alternativer Energiequellen. Man nennt das Ganze „Energiewende". Wenn jetzt jemand kommen sollte, der sagt: „KKW abschalten und gleichzeitig CO2 reduzieren, das geht doch gar nicht", dann wird ihm entgegengehalten: „Natürlich geht das, es gibt sogar einen Namen dafür: Energiewende." Willkommen in Euphemistan.

Energiewende ist das Pendant zum „Soli". Der Soli war ja im Klartext nichts anderes als eine Steuererhöhung um 5,5 %. Energiewende heißt im Klartext: Abschalten der Kernkraft, Bau neuer Kohlekraftwerke, Errichtung neuer Windmühlen, weiteres Anwachsen des deutschen Carbon Footprints (derzeit 10 Tonnen pro Kopf pro Jahr, gegenüber beispielsweise 6 Tonnen in Frankreich), steigende Strompreise, sinkende Wettbewerbsfähigkeit. Für eine Handvoll Wählerstimmen in Baden-Württemberg muss man das schon in Kauf nehmen.

21.6 Die neue Religion

Während die Anti-Atomkraft-Bewegung religiöse Züge hatte, so ist es nun mit der Energiewende gelungen eine komplette neue Glaubensrichtung zu schaffen, zu der wir uns ganz offen bekennen. Sie nimmt das Vakuum ein, welches ein schwindendes Christentum hinterlassen und ein gedeihender Islam noch nicht gefüllt haben.

Erinnern Sie sich an den Deutschland-Besuch von Papst Benedikt XVI. im September 2011? Bei dieser Gelegenheit kam er auch in die Stadt Freiburg im Land Baden-Württemberg. Hier an der südwestlichen Ecke der Bundesrepublik sind sowohl der Landesvater als auch der Oberbürgermeister aus der Partei der Grünen. Bei der Begrüßung des Heiligen Vaters durch die lokalen Würdenträger wurden in freundlicher Atmosphäre Geschenke übergeben, darunter ein ganz besonderes Präsent:

eine silberne Schale, die nicht etwa mit einem Kruzifix verziert war, sondern mit einer Kugel, die sich bei Sonnenschein dreht, dank eines integrierten Solarantriebs.

Das richtige Geschenk zu finden ist nie eine leichte Sache, insbesondere für jemanden, der schon alles hat. Die Solarschüssel war da ein recht origineller Einfall, der gleichzeitig eine Menge über den deutschen Zeitgeist aussagte.

Ein in Form und Ausstattung ähnliches Gefäß begleitet ja die Geschichte des Christentums seit seiner Entstehung auf geheimnisvolle Art und Weise: der Heilige Gral, ein Gefäß, welches der Sage nach von Jesus Christus beim letzten Abendmahl benutzt wurde oder, in einer anderen Version der Legende, zur Aufbewahrung seines Blutes diente.

Ich überlasse es Ihrem ästhetischen Empfinden zu beurteilen, ob das ein gelungenes Geschenk für den heiligen Vater war. Wie auch immer, die an den Papst durch das kleine Solarkraftwerk vermittelte Botschaft war klar: „Bleib uns vom Leib mit deinem Lieben Gott, der ist von vorgestern; im Deutschland von heute ist alternative Energie der Heilige Gral. Unsere Kathedralen haben keine Kreuze mehr, sondern drei Flügel, die sich im Wind drehen."

Es soll hier nur am Rande erwähnt werden, dass trotz des Verschwindens christlicher Prinzipien aus unserem Leben enorme Anstrengungen gemacht werden, um Baudenkmäler aus einer Zeit zu restaurieren, als die Kirche noch einen anderen Platz in der Gesellschaft hatte. Die Nikolaikirche in Potsdam oder die Frauenkirche in Dresden leuchten heute in hellerem Glanz als je zuvor, obwohl sie den Geist des Christentums weder ausstrahlen können noch sollen. Man hat bei der Wiederherstellung dieser imposanten Gotteshäuser offensichtlich vergessen, dass solche Gebäude nicht nur aus Steinen bestehen. Aber zurück zum Klimawandel.

Ähnlich wie einst das Christentum, etwa während der spanischen Inquisition oder im Dreißigjährigen Krieg, so kennt auch die neue Religion der Energiewende wenig Toleranz gegenüber Andersdenkenden. Ein deutscher Politiker, der heute sagen würde: „Das Programm unserer Partei kümmert sich nur wenig um die Ideen des Klimawandels, und das ist gut so", hätte seine Karriere damit beendet; er wäre zur Persona non grata auf dem deutschen politischen Parkett geworden. Ein anderer, der proklamieren würde: „Das Programm unserer Partei kümmert sich nur wenig um die Ideen des Christentums, und das ist gut so!", wird nicht weiter beachtet, vielleicht wird er von der Linken mit Applaus bedacht.

21.7 Oder doch eine Chuzpe?

Es könnte allerdings auch hinter der Worthülse Energiewende, hinter der Fassade vorbildlicher ökologischer Correctness in Wirklichkeit eine ganz pragmatische, intelligente Strategie stehen, die man fast als nukleare Chuzpe bezeichnen möchte.

Die Fakten sind:

- Der Verlust an Kraftwerkskapazitäten, verursacht durch den Ausstieg aus der Kernenergie, wird durch den Bau zusätzlicher Braun- und Steinkohlekraftwerke in Deutschland kompensiert.
- Durch Import von Strom aus Nachbarländern werden mittelfristig Engpässe überwunden.
- Der Ausbau von Wind- und Solarenergie wird fehlende Atomkraft nur zum Teil ersetzen.
- Deutschland hat heute mit 10 Tonnen CO2 pro Kopf und Jahr den höchsten Carbon Footprint in Europa. Zum Vergleich: Im UK produziert man 9 Tonnen und in Frankreich 6 Tonnen CO2 pro Kopf und Jahr.
- Durch den Bau und Betrieb zusätzlicher Braun-/Steinkohlekraftwerke - mindestens drei sind geplant - wird der Carbon Footprint in Deutschland weiter steigen.

Strategische Überlegungen:

- Die Einwohner Deutschlands stellen nur 1,2 % der Weltbevölkerung dar. Der deutsche Beitrag zur globalen CO2-Emission ist daher vernachlässigbar, egal wie hoch der Carbon Footprint noch steigt.

- Durch aggressive PR in Sachen alternativer Energie wird im In- und Ausland der Eindruck erweckt, Deutschland sei vorbildlich beim Kampf gegen Global Warming. Das gelingt, weil in der Öffentlichkeit weder Interesse noch Verständnis für Zahlen und Fakten vorhanden ist. Deutschland schützt sich vor internationaler Kritik, indem weltweit Fotos von blühenden Landschaften mit Windmühlen und Solardächern verbreitet werden.
- Die aus Nachbarländern importierte Elektrizität (Tschechien, Frankreich) kommt zum großen Teil aus Kernkraftwerken. Für den sehr unwahrscheinlichen, aber nicht auszuschließenden Fall eines nuklearen Unglücks, so wie kürzlich in Japan, hat man die Zonen, in der die höchste Kontamination durch radioaktive Spaltprodukte zu erwarten ist, ins Ausland verlagert.
- In dem Maße, wie die neuen Kohlekraftwerke ans Netz gehen, verringert sich die Abhängigkeit von ausländischen Stromlieferanten.
- Und die wichtigste strategische Überlegung zum Schluss: Ohne massive Umweltversprechen lässt sich keine Wahl gewinnen.

Nachteile:

- Durch die Stilllegung der Kernkraftwerke und die Kosten für den Ausbau von Kohle- und Windkraft, sowie die dafür notwendigen Netze, wird Elektrizität in Deutschland deutlich teurer werden; dies wird die wirtschaftliche Wettbewerbsfähigkeit beeinträchtigen.
- Das Potemkinsche Dorf vom ökologischen Musterknaben könnte irgendwann zusammenfallen und Deutschland würde in Misskredit geraten. Da es aber allgemein akzeptiert ist, dass internationale Vereinbarungen ignoriert werden, wie dies etwa mit den Kriterien von Maastricht geschehen ist, so

hätte man auch im Falle ökologischer Non-Compliance, etwa im Falle der Missachtung des Kyoto-Protokolls, kaum kritische Konsequenzen zu erwarten.

Vielleicht ist die Energiewende ja alles in allem doch gar nicht so grün und dumm, so lange nur genügend Menschen an den Weihnachtsmann glauben.

22 Holzwege

Im Sommer 2012 regnet es Beiträge in den Medien, welche die deutsche Klimapolitik offen kritisieren, auch die Mainstream-Magazine halten sich nicht mehr zurück („die Energiewende ist gescheitert", „Wende gegen die Wand"). Fast wöchentlich erscheinen neue Bücher, während die Wachsamen und Mutigen schon vor Jahren das Gehirn eingesetzt und den Mund aufgemacht haben („Hurra, wir retten die Welt", Dirk Maxeiner, 2007). In ein paar Jahren wird auch die Mehrheit verstanden haben: Die Energiewende ist gescheitert, oder besser gesagt, sie war von Anfang an eine aussichtslose Wahnvorstellung. Nur die Profiteure werden das bis zuletzt leugnen, denn, wie schon Al Gore formulierte: Es ist schwierig, etwas zu verstehen, wenn dein Einkommen davon abhängt, dass du es nicht verstehst.

Es ist sicher eine der teureren Sackgassen in der deutschen Geschichte, wenn man mal Kriege ausklammert. Die Energiewende, zeitgleich mit Rettungsfonds für Banken und europäische Bruderländer, stellt einen harten Test dar für die „Unkaputtbarkeit" der deutschen Wirtschaft.

Es wäre nicht das erste Mal, dass unsere Regierungen sich in fragwürdige Vorhaben verstricken. Wie gehen Politiker und Politikerinnen nun mit Projekten um, die sie selbst angestoßen haben, deren Sinnhaftigkeit aber alsbald mehr als fraglich erscheint. Lassen Sie uns zwei Fallbeispiele analysieren, um daraus Schlussfolgerungen für unsere Zukunft nach der Energiewende zu ziehen.

22.1 Galileo

Eine der hilfreichsten Innovationen jüngerer Zeit ist Satellitennavigation. Sie nutzt zwei grandiose Errungenschaften des 20. Jahrhunderts: Mikroelektronik und Raketentechnik. Mit Raketen schickt man Satelliten in den Orbit; die Mikroelektronik an Bord erlaubt es den Satelliten, in jedem Moment ihre Koordinaten im Weltraum zur Erde zu funken.

Wenn wir uns dafür interessieren, dann können wir diese Signale auffangen und können ausrechnen, wo wir uns selbst gerade befinden.

Letztere mathematische Aufgabe überlassen wir natürlich einem kleinen Elektronengehirn.

Ich habe mir 1993 einen der ersten dieser Computer gekauft; er sah so aufregend aus wie auf der vorigen Abbildung. Das unscheinbare Äußere des kleinen Rechenkünstlers soll uns aber nicht über die technologische Revolution hinwegtäuschen, die er verkörpert.

Zu wissen, wo man sich in jedem Augenblick befindet, ist zwar für jeden ganz interessant, für die Führer von Wasser- und Luftfahrzeugen aber ist es lebenswichtig. So manches Wrack an Küsten und Berghängen deutet darauf hin, was passieren kann, wenn diese Information fehlt. Falls Sie mir nicht glauben, dann fahren Sie doch mal zur „Skeleton Coast“ im Norden Namibias, wo im Laufe der Jahrhunderte mehr als tausend Schiffe gestrandet sind. Unter ihnen übrigens auch die abgebildete „Eduard Bohlen“ (Ähnlichkeiten mit DSDST wären zufällig).

Die Skelette der Frachter, und auch die von so einigen Seeleuten, liegen dort als Mahnmale aus einer Zeit, als es Satellitennavigation noch nicht gab.

Heute haben wir es besser; sogar im Auto steht uns das kleine technische Wunder zur Verfügung. Die Satelliten für unser Navi hat übrigens nicht der liebe Gott an den Himmel gesetzt, es waren die US-Militärs. Seit 1990 sind sie auch dem zivilen Rest der Menschheit weltweit zugänglich. Wenn Sie heute Abend also mit Hilfe Ihres Navis die Adresse des neuen Gourmetrestaurants aufsuchen, dann nehmen Sie dabei die Dienste der US Armed Forces in Anspruch.

Nun wurde die Allgemeinheit durch die Betreiber darauf hingewiesen, dass im Falle militärischer Konflikte der Satellitendienst in den betroffenen Regionen des Globus eingeschränkt werden könnte. Die USA wollen nämlich keine kostenlose Navigationshilfe für die Angriffe durch feindliche Fregatten, Bomber oder Cruise-Missiles zur Verfügung stellen. Diese Abschaltung hat es in den vergangenen 20 Jahren so gut wie nie gegeben, und wenn, dann hat es nur Regionen betroffen, in denen man sich ohnehin gerade nicht aufhalten wollte. So wurden also seit 1990 Millionen von Flugzeugen, Schiffen und Autos dank GPS weltweit sicher an ihr Ziel gebracht. Tausende von Menschenleben wurden dadurch vermutlich gerettet. Man hat gelernt, zu 100 % auf das System zu vertrauen.

Trotzdem hat man in Europa 2003 beschlossen, ein eigenes System zu entwickeln, „um unabhängig von der Willkür der US-Militärs zu sein". Das Projekt wurde nach dem Entdecker der Jupitermonde benannt und es machte bisher primär durch politischen Zank, Verzögerungen und Budgetprobleme auf sich aufmerksam. Von einem funktionierenden, der Allgemeinheit zugänglichen System ist man viele Milliarden Euro und viele Jahre entfernt: Nach heutiger Schätzung soll es frühestens 2019 so weit sein, mehr als ein viertel Jahrhundert nach Verfügbarkeit des amerikanischen GPS.

Damit das Warten auf Galileo nicht so lang wird, initiierte man allerlei Rahmenprogramme. Es gibt Ideen-Wettbewerbe zu der Frage, wie Galileo eines Tages genutzt werden könnte („Galileo Masters"). Ein Preis ging an die Idee, mit Hilfe des Systems Frachter automatisch in Häfen anlegen zu lassen. Auch wurden unter Schulkindern Malwettbewerbe veranstaltet; die jungen Gewinner durften dann zwei Galileo-Testsatelliten auf die eigenen Namen taufen.

Solche PR bringt ein Projekt beim Volke natürlich schon gut voran. Allerdings müssen immer noch ein paar technische Probleme gelöst werden, wenn dann irgendwann nach 2019 die Schiffe dank Galileo automatisch anlegen sollen. Und man möchte ja nicht, dass die so enden wie einstmals die Eduard Bohlen.

Übrigens haben sich EU und USA inzwischen darauf verständigt, dass in militärischen Krisensituationen auch Galileo regional abgeschaltet werden soll; im Unterschied zu GPS allerdings nur in „extremen" Krisensituationen - willkommen in Euphemistan.

Damit ist nun die Daseinsberechtigung für Galileo endgültig entfallen, nämlich die unbedingte permanente Verfügbarkeit eines

Navigationssystems für die Allgemeinheit. Trotzdem macht man aber weiter. Auch jetzt also, wo die Sinnlosigkeit des Projektes evident ist, und wo auch erst ein kleiner Teil der Arbeit realisiert ist, hält man an dem Vorhaben fest.

Wenn dann also Galileo eines Tages irgendwie tatsächlich funktionieren sollte, dann wird es Empfänge und Ehrungen geben, man wird die Festschrift in 25 Sprachen übersetzten (inklusive Baskisch und Katalanisch), und die damals achtjährigen Schulkinder, die so hübsch malen konnten, werden mit ihren eigenen Kindern auf Ehrenplätzen sitzen.

Die Streitkräfte Europas werden bei ihren Manövern Galileo obligatorischerweise nutzen müssen, aber die Jungs und Mädels von Marine und Luftwaffe werden wohl immer noch, zur eigenen Sicherheit, einen kleinen GPS-Empfänger für das amerikanische System in der Tasche mitnehmen.

Und wir privaten Nutzer von Navis werden keine Ahnung haben, welche Satelliten wir gerade anpeilen, ob GPS oder Galileo. Wir werden keinen Unterschied feststellen. Wir wissen ja auch nicht, ob der Strom, mit dem wir gerade unsere elektrische Zahnbürste füttern, aus einem tschechischen Atomkraftwerk kommt oder aus einer Windmühle in Schleswig-Holstein. Nur eines ist sicher: Es wurden viele Milliarden europäischer Steuergelder in den Weltraum geschossen, ohne irgendeinen Nutzen zu generieren.

Was haben Galileo und die Energiewende gemeinsam? Beide sind extrem kostspielige, technologische Projekte, die aus politisch-opportunistischen Motiven gestartet wurden; und beide sind sinnlos.

22.2 Nachhilfe für Wittgenstein und Thomas Mann

Um ein Gefühl für die Zukunft der Energiewende zu bekommen, möchte ich noch das Gedeihen eines anderen Vorhabens als Analogie heranziehen. Es ist zwar hinsichtlich Kosten und Konsequenzen nicht ganz vergleichbar, aber es ist ebenso politisch wie es auch sinnlos ist: die Rechtschreibreform (RSR).

„Ist aber ein wirkliches Bedürfnis zu einer großen Reform in einem Volke vorhanden, so ist Gott mit ihm, und sie gelingt.“ (J. W. von Goethe)

Das wirkliche Bedürfnis für die RSR war beim Volke nie vorhanden, und auch Gott war nicht mit ihr. Niemand war an der Sache interessiert, außer ein paar Profiteuren, die sich zu Experten aufspielten. Und der angeblichen Absicht der Initiatoren, den Schreibenden und Lernenden, insbesondere solchen mit Migrationshintergrund, das Leben zu erleichtern, waren ja längst die Softwareentwickler von Microsoft und Co zuvorgekommen, indem sie uns praktische Korrekturprogramme für unsere Computer anboten.

Fakt ist, dass man die alte Rechtschreibung mit etwas Logik und etwas Gedächtnis beherrschen konnte; die neue ebenfalls, wenn auch mit etwas weniger Logik und etwas mehr Gedächtnis. Das absurde ist, dass ein paar selbsternannte Autoritäten, die wichtig oder reich werden wollen, eine Veränderung auslösen können, welche die gesamte Bevölkerung direkt betrifft und welche keinerlei Nutzen, aber erhebliche Mühe, Kosten und vermutlich sogar Schaden verursacht. Gut gemeinte Initiativen, welche die RSR verhindern wollten, wurden überrollt und haben dann dazu geführt, dass mehrere Versionen der neuen Rechtschreibung entstanden. Schlimmer und dümmer hätte es nicht kommen können.

Diesen Aspekt könnte die RSR mit der Energiewende gemeinsam haben.

Schaden entsteht durch die RSR übrigens nicht nur dem lernenden und schreibenden Bürger, sondern auch unserem im geschriebenen Wort festgehaltenen Gedankengut. „Ändert man die Rechtschreibung, so ändert man die Sprache“, sagt Dürrenmatt. Mir ist zwar egal, in welcher Rechtschreibung die Romane von Günter Grass erscheinen, mir ist auch egal ob er bei der SS oder bei der ß gewesen ist. Aber Thomas Mann und Ludwig Wittgenstein würde ich gerne so lesen, wie diese selbst geschrieben haben, ohne Korrektur durch drittklassige Germanisten.

Die Regierenden haben aus diesen und vielen anderen Erfahrungen gelernt. Nein, nicht etwa, dass sie sich Projekte vorher besser überlegen; sie haben es gelernt, dem Bürger jeden Schwachsinn als rettende Idee zu verkaufen.

Wie wird diese Welt, in der Projekte ohne Ziel und ohne Rücksicht auf Verluste durchgepeitscht werden, wo die Bevölkerung akzeptiert, dass man sie mit einem Palaver aus leeren Worthülsen einlullt, in der 99 % der Medien voll im Mainstream mitschwimmen, wie wird diese Welt in 20 Jahren hinsichtlich der Energiewende aussehen?

Um das zu beschreiben, muss ich mich der Sprache des Neuen Testaments bedienen. Ich bitte um Ihr Verständnis.

22.3 Apokalypse 2030

Als das Lamm das erste Siegel brach, wanderte ich durch ein deutsches Mittelgebirge; und ich hörte die erste der vier Kreaturen neben mir schnauben. Und dann blickte ich auf und ich sah das weiße Ungetüm mit seinen drei Armen. Und der, der auf ihm saß, hatte eine Sense, mit der schnitt er alles kurz und klein, um den Boden zu ebnen für Seinesgleichen.

Ein Kranz wurde ihm gegeben und als Sieger zog er aus, um zu siegen. Und bald standen Hunderte und Tausende der Ungeheuer, gleich dem ersten, auf allen Fluren und Bergen; und wo früher sanfte Hügelketten mit Wiesen und Bäumen das Auge trösteten, da drehten sich nun gewaltige Windräder in meinem Blickfeld.

Als das Lamm aber das zweite Siegel öffnete, da hörte ich die zweite Kreatur wie sie durchs Wasser ritt und mit jedem Sprung setzte sie einen Stamm ins Meer und ans Gestade und an der Spitze jeden Stammes drehte sich ein Rad mit drei Flügeln. Und wo der Blick früher über Dünen und Meer schweifte, wo er sich in der Ferne der untergehenden Sonne verlor, auch da rotierten nun die wuchtigen Gebilde, so weit das Auge reichte.

Und als das Lamm das dritte Siegel brach, da erschien ein Pferd, das war feuerrot. Und der, der auf ihm saß, dem wurde ein großes Schwert gegeben und er wurde ermächtigt, im Wald die Bäume zu schlagen, um Raum zu schaffen für eiserne Türme, angeordnet in endlosem Spalier, um metallene Girlanden zu tragen.

Dann aber sah ich das schwarze Pferd; und der, der auf ihm saß, hielt in der einen Hand eine Fackel und ihm wurde die Macht gegeben über ein Viertel des Landes. Und mit der Fackel sengte er alle Pflanzen und Auen und verteilte blaues Glas auf den Feldern. Und wenn er kein blaues Glas hatte, dann verstreute er Mais und Raps dort wo zuvor Korn, Kraut und Rüben gediehen.

Und in der anderen Hand hielt der schwarze Reiter eine Waage. Und in der rechten Schale war das Gewicht all der Segnungen angehäuft, die der Wandel mit sich bringen sollte, und in der linken Schale alles Leid.

Und die Menschen wurden gewahr, dass es die linke Schale war, die sich senkte.

22.4 Energiewende Total

Mit anderen Worten, was Auto- und Eisenbahnen, was Industrie und Tourismus in hundert Jahren nicht gelungen ist, das hat die Energiewende im Handumdrehen erreicht: die Schönheit der deutschen Landschaft flächendeckend und nachhaltig zu zerstören.

Kein Ort mehr unter freiem Himmel, ohne Blick auf Windmühlen, keine Fahrt übers Land, auf der wir nicht links und rechts des Weges von Photovoltaik begleitet würden. Wenn Sie den von deutschen Romantikern beschriebenen oder gemalten Liebreiz der Landschaft erleben möchten, dann setzen Sie sich ins Wohnzimmer, schließen Sie die Vorhänge, damit die Windräder draußen nicht zu sehen sind, und spielen Sie das Video vom „Wirtshaus im Spessart“ aus dem Jahre 1958 ab.

Es ist aber nicht nur, dass wir Landschaft und Umwelt zu Tode geschützt haben. Zur „Energiewende Total“ gehört ja auch noch die enorme wirtschaftliche Belastung durch überhöhte Strompreise. Vergessen wir nicht, dass trotz der Tausenden von Windmühlen und flächendeckender PV dennoch bei Nacht und Flaute die konventionellen Stromquellen zu 100 % einspringen müssen. Die haben also weiter zu bestehen und jederzeit einsatzbereit zu sein.

Zwar werden wir dank Windenergie etwas weniger fossile Brennstoffe verfeuern, aber ich bezweifle, dass uns die deutsche Braunkohle als Exportschlager dann aus der Wirtschaftskrise retten kann.

Die Energieversorgung in Deutschland, bislang eine unauffällige Selbstverständlichkeit, wird 2030 zu einer der Hauptbeschäftigungen geworden sein, und Deutschland wird als Industrieland weiter an Bedeutung verloren haben. - Könnte es auch anders kommen?

23 Das Ende der Wende

23.1 Und wenn sie nicht gestorben sind ...

Im Sommer 2011 hatte ich ein Gespräch mit dem Manager eines Energiekonzerns. Es ging darum, wie man eine hochkarätige Belegschaft, die jahrelang dafür verantwortlich gewesen war, ein Kraftwerk in 100 % sicherem Zustand zu halten und zuverlässig zu betreiben, wie man diese Crew nun dazu bringen könnte, genau dieses Kraftwerk abzureißen. Die makellose, betriebsbereite Anlage, die pro Jahr immerhin für die Einsparung mehrerer Millionen Tonnen CO2 gut gewesen war, hatte beim atomaren Ausstiegspoker die falsche Karte gezogen und war jetzt Kandidat für den „Rückbau".

Wir diskutierten also, wie man dieses Projekt angehen sollte, und mein Vorschlag war: „... so langsam wie möglich". Es könnte ja sein, dass man in ein paar Jahren aus dem grünen Dornröschenschlaf erwacht, dann wird man dankbar sein, wenn so ein KKW, äquivalent 5000 Windmühlen, wieder angeknipst werden kann.

So wie Dornröschen sich einst an einer Spindel gestochen hatte und daraufhin, gemeinsam mit dem gesamten Hofstaat, in hundertjährigen Tiefschlaf fiel, so hat sich die Kanzlerin an Fukushima gestochen, und ihre Vernunft und die des gesamten Hofstaates fielen ins Koma. Kann Deutschland daraus wieder erwachen? Wird es 100 Jahre dauern, so wie im Märchen?

Vielleicht geht es schneller. Vielleicht wird man ja schon 2030 wahrnehmen, dass bei dem nuklearen Unfall in Fukushima gar niemand ums Leben gekommen war; dass zwar mehr als 20.000 Menschenleben durch Erdbeben und Flutwellen vernichtet wurden, dass aber der havarierte Atomreaktor keine Opfer gefordert hatte.

Es könnte also sein - wenn es auch nicht sehr wahrscheinlich ist -, dass in den kommenden Jahren irgendwann der Dornröschenschlaf zu Ende ist, dass ein Ruck durch Deutschland geht, die Menschen die Augen öffnen und beginnen, Realität von Propaganda zu unterscheiden.

Falls dann, so um 2030, die Bundeskanzlerin *nicht* von der Piratenpartei gestellt wird, falls die Ehe unter Andersgeschlechtlichen *noch nicht* abgeschafft ist und der Bundespräsident *nicht* Jürgen Trittin heißt, wenn also um 2030 die politische Vernunft noch nicht zu 100 % liquidiert ist, dann könnte es zu dem historischen Moment, zu dem grandiosen Erwachen kommen, dass die Bevölkerung die volle Wahrheit erkennt: Die „Energiewende" hat keinen Sinn und sie ist auch nicht machbar.

Und dann wäre man vielleicht dankbar, wenn Reaktorgebäude und Druckgefäße der eingangs erwähnten Anlage noch nicht von Abrissbirne und Schneidbrenner zerstört worden sind.

23.2 Was wären die Voraussetzungen dafür?

Ist dieses Szenario des Erwachens wahrscheinlich? Die logischen Argumente, die dafür sprechen, sind gewaltig. Ob und wann sie von der Mehrheit akzeptiert werden, das ist die andere Frage. Zurzeit steht die Logik im Schatten der Ideologie.

Argument 1

Falls es Deutschland innerhalb der nächsten Jahre mit großen Anstrengungen gelänge, seine CO2-Emission auf die Hälfte zu verringern, so würde diese Einsparung allein durch den Zuwachs von Chinas Emission innerhalb eines halben Jahres zunichtegemacht. Wir hatten das im Kapitel über Windenergie schon gezeigt. Und auch die übrigen der Big Five unter den CO2-Produzenten - USA, Indien, Russland und Japan - stehen nicht gerade auf der Emissionsbremse, auch wenn sie ein paar PR-wirksame Windmühlen in ihrer Landschaft verteilen.

Die gesamte deutsche Energiewende, in welchem Umfang auch immer man sie letztlich verwirklicht, wird keinen Einfluss auf die globale CO2-Bilanz haben. Vielleicht trauen Sie, liebe Leserin, lieber Leser Ihren Augen und Ihrem Verstand jetzt nicht mehr, aber es ist tatsächlich so: In Deutschland wurden und werden zig Milliarden ausgegeben, es wird die Wettbewerbsfähigkeit des Standortes aufs Spiel gesetzt und es wird die Landschaft verunstaltet mit dem Ziel, das Klima zu retten; und man kann auf zwei Seiten eines Buches erklären, dass all diese Investitionen sinnlos sind.

Vielleicht ist genau das ja der Grund, warum keine andere Industrienation dem Vorbild Deutschland folgt.

Argument 2

Die Erderwärmung, falls sie denn tatsächlich stattfindet, ist ein globales Phänomen.

Wir können zwar durch Vorschriften und Maßnahmen im eigenen Lande eine gewisse Reinheit der Luft sicherstellen. Wir können durch Rußfilter oder Katalysatoren in unseren Autos dafür sorgen, dass Staub und Gase verschwinden, die für die Atemwege schädlich sind. Wir können dann in Hamburg oder Düsseldorf frische Luft atmen, auch wenn in Mumbai oder Mexico City die Autos qualmen wie die Hölle. Diese Schadstoffe verbreiten sich nicht global.

CO2 dagegen verteilt sich gleichmäßig über die gesamte Erde, egal wo es erzeugt wurde. Wir können uns keine Hoffnungen machen, dass Deutschland dank seiner vorbildlichen Bemühungen von einer eventuellen Erwärmung verschont bliebe.

Apropos Vorbild: Werden die Big Five der CO2-Emission sich ein Beispiel an uns nehmen? Wird am deutschen Wesen diesmal die Welt genesen? Wohl kaum. Wird Deutschland aber vielleicht durch seinen Vorsprung auf dem Gebiet zum globalen Lieferanten für Solar- und Windenergie werden? Das ist wohl Wunschdenken. Wir selbst importieren ja heute schon den Großteil unserer Wind- und Solartechnik aus Asien. Und wenn die höheren Energiepreise erst einmal richtig zu Buche geschlagen haben, dann werden wir wohl kaum wettbewerbsfähiger geworden sein.

Argument 3

Energiewende und Umweltschutz hatten ursprünglich einen gemeinsamen Ursprung. Nun führt die Energiewende dazu, dass zentrale Prinzipien des Umweltschutzes, wie etwa Unversehrtheit der Landschaft und Erhaltung der Wälder, ganz massiv verletzt werden. Welche Ziele sind wichtiger?

Das ähnelt einem Dilemma auf anderem Gebiet. In Deutschland spielt der Schutz von Minderheiten eine große Rolle, wobei Frauen ebenfalls zu dieser Kategorie zählen, wenn auch nicht aus rechnerischen Gründen.

Zu Minderheiten gehören auch Angehörige anderer Religionen, wie etwa Mohammedaner. In deren Tradition aber sind Frauen traditionell dem Mann untergeordnet. Welches ideelle Gut ist nun wichtiger? Religionsfreiheit oder Gleichberechtigung der Frau? Soll der Islam toleriert oder sogar gefördert werden zu dem Preis, dass in Deutschland ein erheblicher Anteil der weiblichen Bevölkerung systematisch unterdrückt wird?

Hier ignoriert man den Widerspruch und redet sich und den anderen ein, dass es schon nicht so schlimm sein wird. Als Beweis dafür zeigt man emanzipierte Kopftuchträgerinnen in Talkshows.

Vermutlich werden die grünen Wortführer auch beim Umweltschutz eine elegante Brücke schlagen können. Die Vögel, die von den 25.000 Windmühlen laufend getötet werden, spielen ja erstaunlicherweise keine Rolle. Das war schon einmal anders. Unsere gefiederten und quakenden Brüder und Schwestern waren einmal heilig! Ein befreundeter Architekt hatte sich in den 90er-Jahren in München vor Gericht zu verantworten, weil bei der Bereinigung eines Baugrundstückes ein „adulter Laubfrosch" getötet worden war.

Verstehen Sie mich nicht falsch. Mir ist klar, dass man kein Omelett machen kann, ohne ein paar Eier zu zerschlagen. Zivilisation fordert ihre Opfer in der Tierwelt; Schlachtvieh und Wanderkröten müssen für uns dran glauben. Es ist nur verdächtig, mit welcher Geschwindigkeit und Kreativität die Windlobby Argumente findet, um alle Bedenken in Sachen Vogelschlag, Waldsterben und anderer noch gewaltigerer Naturschäden locker vom Tisch zu wischen.

Wird der Interessenkonflikt Energiewende/Naturschutz also den Ausbau von Windkraft und PV bremsen? Wohl kaum, denn die politischen und wirtschaftlichen Interessen sind so gewaltig, dass alle Gegenargumente durch eine gnadenlose PR-Walze erdrückt werden. Die guten alten Naturschützer werden kaum eine Chance haben. Die heiligen Kühe von gestern müssen denen von heute Platz machen.

Argument 4

Es ist einerseits zu erwarten, dass die Verteuerung der Energie die Wettbewerbsfähigkeit in Deutschland beeinträchtigen wird, andererseits sind die wachsenden Strompreise eine zusätzliche, direkte Belastung für die privaten Haushalte. Letzteres ist noch dazu eine Umverteilung von unten nach oben, denn der kleine Verbraucher finanziert die dicken Renditen, welche Wind- und Solarbetreiber kassieren.

Vielleicht wird diese finanzielle Zange, die am sensibelsten Körperteil, dem Portemonnaie, ansetzt, zu einer Revolution gegen die Energiewende führen - so wie einst der erhöhte Bierpreis in Bayern. Man wird dann empfinden, dass man sich den Luxus alternativer Energie nicht mehr leisten kann, und man wird auf den weiteren Ausbau von Wind und PV verzichten.

So zwingend diese Argumente sind, so ist dennoch zu befürchten, dass sie im ideologischen Mainstream untergehen, dass sich das Volk die Energiewende als wunderbare Sache verkaufen lässt, so wie man ihm einst die neuen Kleider des Kaisers verkauft hat.

23.3 Des Kaisers neue Kleider

Es war einmal ein Kaiser, der ließ sich für viel Geld von zwei Webern Stoffe für neue, besonders schöne Kleider anfertigen. Die vermeintlichen Weber aber waren Betrüger, die ihr Handwerk gar nicht gelernt hatten und die nur den eigenen Vorteil verfolgten. Sie überreichten dem Schneider unsichtbare Stoffe und erklärten ihm, nur Personen in hoher Stellung und von ausgeprägter Intelligenz könnten dieses ganz besonders wertvolle Tuch überhaupt sehen. Den Augen minderer Personen bliebe es verborgen.

Der Schneider wiederum verbreitete die Nachricht unter den Höflingen und diese wiederum sorgten dafür, dass nicht nur der Kaiser und der Hof, sondern das ganze Land die Neuigkeit erfuhren.

Als seine Majestät sich nun zum ersten Mal mit den neuen Gewändern der Öffentlichkeit zeigte, da war die Menge voller Bewunderung, denn jede und jeder hielt sich für vornehm und intelligent und konnte daher das ganz besondere Tuch erkennen und wertschätzen. Erst als ein kleines Kind ganz unbefangen rief: „Der Kaiser hat ja gar nichts an!", da erkannten plötzlich alle Anwesenden, dass der Kaiser nackt war, dass sie alle auf einen Schwindel hereingefallen waren.

Heute, im frühen 21. Jahrhundert sind wir kritisch, informiert und selbstsicher. Wir würden solchen Betrügern nicht auf den Leim gehen, oder?

Vor längerer Zeit war ich bei Freunden eingeladen, der Mann erfolgreicher Top-Manager, die Frau Kunstliebhaberin. Man zeigte mir die private Sammlung moderner Gemälde. Darunter ein Bild, formatfüllend von roter Ölfarbe bedeckt, auf welches die Besitzerin besonders stolz war. Es war ein Portrait, welches man von ihr angefertigt hatte; das flächendeckende Rot spiegelte die Farbe ihrer Lippen wieder - der Künstler versicherte, nur so könnte man ihre wahre Persönlichkeit zum Ausdruck bringen.

Die lieben Gäste betrachteten das Bild, Hand unterm Kinn, und nickten bedeutungsvoll. Leider stellte sich kein kleines Mädchen vor das Gemälde und krähte: „So was kann ich auch!"

Aber nicht nur unter Künstlern finden sich Zeitgenossen, die ihr Handwerk nicht gelernt haben und denen es gelingt, durch List den eigenen Vorteil zu verfolgen; wir finden sie in allen Branchen, in allen Etagen: Vom Berater im Telefonladen bis zum Vorstand im Automobilkonzern und bis ins höchste Staatsamt. Eingeblendet ist der Titel eines Buches, welches sich diesem Phänomen widmet. Es enthält die immerhin tröstliche Nachricht, dass vom Artensterben nicht alle Gattungen bedroht sind, sondern dass im Gegenteil in den aktuellen Ökosystemen die Gattung der Dilettanten hervorragend gedeiht.

Wenn ich oben behauptete, dass Weber, Politiker, Künstler und Manager, die dieser Gattung angehören, ihr Handwerk nicht gelernt hätten, dann muss ich das relativieren. Sie alle haben ein neues Handwerk erlernt, welches darin besteht, Geschichten zu erzählen, die den Blick auf die

Wirklichkeit vernebeln, mit dem Ziel, dadurch einen handfesten persönlichen Vorteil zu erreichen. Diesem Handwerk möchte ich den Namen Public Relations geben, auch wenn die offizielle Definition vielleicht etwas anders ist.

Unter Physikern gibt es eine zynische Definition für Philosophie: „Sie ist der systematische Missbrauch einer eigens zu diesem Zwecke erfundenen Nomenklatur." PR geht in die gleiche Richtung: Sie ist die Verbreitung eines Trugbildes, welches eine Person, eine Ware oder eine Idee in vorteilhafter Weise darstellt, die nicht der Wahrheit entspricht.

Das Trugbild wird mit Hilfe einer spezifischen PR-Sprache erschaffen, welche in den letzten Jahrzehnten kontinuierlich perfektioniert wurde. Sie können diese Entwicklung bei unseren vier letzten Bundeskanzlern verfolgen. Helmut Schmidt benutzt seine Worte mit Disziplin und Intelligenz. Seine Aussagen haben Substanz, er unterscheidet klar zwischen Fakten und Hypothesen. Helmut Kohl bediente sich bereits generös aus der Kiste mit PR-Wortschatz: von den blühenden Landschaften hin zum Solidaritätszuschlag, der nichts anderes war als eine Steuererhöhung.

Den entscheidenden Sprung aber hat Gerhard Schröder getan. Neben der einschlägigen PR-Terminologie benutzt er in seiner Diktion eine simple, aber wirksame Dreierstruktur, mit dem Ziel, Fragen auszuweichen, die Wahrheit zu verschleiern und gleichzeitig Sympathiepunkte zu sammeln. Seine Aussagen beginnen stets mit einer von allen akzeptierten Wahrheit, dann kommt die Botschaft, die er verkaufen möchte, und zum Abschluss ein Seitenhieb auf den politischen Gegner.

Versuchen wir's mal. Rufen wir Herrn Schröder an: „Hallo Herr Schröder, was ist Ihre Meinung zum Thema Klimawandel?" Und wir werden etwa folgende Antwort bekommen:

1. „Alle Bürgerinnen und Bürger wünschen sich ein Deutschland ohne Überschwemmungen, ohne Tornados und ohne Tropenkrankheiten als Voraussetzung für Erfolg und für Freude am Leben."
2. „Durch Vereinbarungen mit meinem Kollegen und Freund – das sage ich hier ganz offen – Vladimir Putin, ist es mir gelungen

die Versorgung der Bundesrepublik mit klimafreundlichem Erdgas auf Jahrzehnte sicherzustellen. Das ist ein wichtiger Schritt für unser Land in Richtung Zukunftsfähigkeit und Nachhaltigkeit."

3. „Und wenn da einige Besserwissen in Bayern glauben, sie hätten den Fortschritt gepachtet, dann möchte ich nur daran erinnern ..."

Frau Merkel wiederum hat eine so starke Machtposition aufgebaut, dass sie sich rhetorische Mühen sparen kann, sie macht ohnehin, was sie will. Sie benutzt bei Bedarf einfache Killerphrasen, die jeglicher Logik den Wind aus dem Segel nehmen.

Fragen Sie die Kanzlerin: „Warum geben wir Milliarden für alternative Energien aus, wo doch Asien und USA sich einen Teufel ums CO2 scheren?"

Die Antwort wäre dann: „Ihre Frage ist wenig hilfreich. Die Bürgerinnen und Bürger haben sich aus gutem Grund für diesen nachhaltigen und zukunftsfähigen Weg entschieden, und darauf können wir stolz sein."

Was wollen Sie da noch sagen?

All das geht nur, weil die meisten Medien immer noch voll im Mainstream mitschwimmen. Auch sie bewundern des Kaisers neue Kleider, kaum jemand hat hier das Wissen, den Mut und die Integrität, um den Mund aufzumachen und zu sagen: Übrigens, der Kaiser ist nackt!

Das war früher anders. Der SPIEGEL beispielsweise hatte einmal den Mut und die Kompetenz, um unpopuläre Dinge deutlich zu sagen. Heute ist er auf das Niveau einer Schülerzeitung abgerutscht. Die Journalisten haben offensichtlich weder die Information, noch das Vertrauen in die eigene Urteilskraft, um gegen den Mainstream anzutreten. Sie warten, dass die Strömung umspringt, und am nächsten Tag sind auch sie mit von der Partie.

Diese Symbiose von Politik, Medien, Dilettanten und Geschäftemachern, die sich alle in Political Correctness suhlen, wird auch zukünftig dafür sorgen, dass das Volk weiterhin des Kaisers neue Kleider bewundert.

Und so, wie uns die Windlobby versichert, dass die Spezies der Trappen in Deutschland durch die Rotoren nicht gefährdet sind, so wird noch eine ganz andere Spezies wachsen und gedeihen: die der weißen Elefanten.

Sie können mir mailen, wenn Sie möchten.

HANS@THINK-AGAIN.ORG

Quellennachweis, soweit auf den Abbildungen nicht angegeben. Sonstige Abbildungen stammen vom Autor.

P 76	Temp Anomaly	NOAA
P 79	Land-surface...	Berkeley Earth
P 80	South Pole...	John-Daly.com
P 82	Arctic Region	Researchgate.net
P 84	Summer Arctic...	Zmescience.com
P 88	Gletscher	Raonline. Edu, CH
P 89	Vernagtferner...	Docplayer.org
P 91	AIRS...	Globe.gov
P 93	Atmospheric ...	Commons.wikimedia.org
P 101	South Pole ...	John-Daly.org
P 104	Saturation...	Slide-serve
P 108	Population	The World Bank
P 128	Models IPCC	Brookhaven Nat. Lab.
P 149	Leistung	Pvaustria.at
P 154	Strommix ...	Commons.wikimedia.org
P 159	Durchschnittliche...	SolarGIS-Solar-map-Europe-de.png
P 167	Typische Kennlinie	Wikipedia.org
P 169	Zwischen den ...	Researchgate.net
P 184	Heisenberg / Fermi	Scace.library.oregonstate.edu

ENDE

Printed in Germany
by Amazon Distribution
GmbH, Leipzig

18997953R00129